频管关键技术研究系列

220GHz SHOUFA GELI
WANGLUO GUANJIAN JISHU YANJIU

220GHz 收发隔离
网络关键技术研究

邓俊　王振华◎编著

新华出版社

图书在版编目（CIP）数据

220GHz收发隔离网络关键技术研究 / 邓俊, 王振华编著. —北京：新华出版社，2021.5

ISBN 978-7-5166-5815-4

Ⅰ.①2…　Ⅱ.①邓…②王…　Ⅲ.①无线电技术—研究　Ⅳ.①TN014

中国版本图书馆CIP数据核字（2021）第079066号

220GHz收发隔离网络关键技术研究

作　　者：邓　俊　王振华　编著

责任编辑：蒋小云　　　　　　　封面设计：中尚图

出版发行：新华出版社

地　　址：北京石景山区京原路8号　　邮　　编：100040

网　　址：http://www.xinhuapub.com

经　　销：新华书店

　　　　　新华出版社天猫旗舰店、京东旗舰店及各大网店

购书热线：010-63077122　　中国新闻书店购书热线：010-63072012

照　　排：中尚图

印　　刷：天津中印联印务有限公司

成品尺寸：210mm×145mm，1/32

印　　张：5.5　　　　　　　　字　　数：113千字

版　　次：2021年6月第一版　　印　　次：2021年6月第一次印刷

书　　号：ISBN 978-7-5166-5815-4

定　　价：59.00元

编 委 会

前　言　●○ ───────────────

本书主要研究的是应用于 220GHz 雷达系统的收发隔离网络。厘米波频段雷达系统常用的一些收发隔离手段应用在 220GHz 频段时存在着一系列技术与工艺所难以解决的难题。为了满足高发射功率使用要求，同时基于光学频段的一系列技术与工艺成果，本书设计并研制了一种准光学收发隔离网络，并对其进行详细的分析。本书的主要工作如下：

分析了太赫兹（THz）波的特点，以及 THz 频段最近的一些新发展、新技术；研究了各种收发隔离方案，针对毫米波及 THz 频段已有的一些收发隔离技术，逐一分析它们的性能和在 220GHz 频段应用的可能性；设计了一个基于准光学方法的收发隔离网络，此收发隔离网络具有隔离度高、传输损耗小等优点。

本书中的极化隔离器和极化变换器属于致密、周期性、电大尺寸电磁结构。目前常用的电磁仿真工具软件难以实现高效的仿真计算与参数优化设计。本书首先利用 Ansoft HFSS 软件取其中一个微小单元进行仿真计算，再次用 Floquet 模方法进行编程计算，在以上两种方法的基础上，提出了一种基于惠更斯 – 菲涅尔原理的单元加成算法。此算法的优点是物理概念清晰、计算效率高。通过一系列的误差分析研究表明，其仿真计算误差满足工程设计要求。用此算法可以设计计算全尺寸的器件，用以弥补以上两种方法的不足。

设计并实现了一个新型的220GHz极化隔离器。此极化隔离器结构简单、原材料便宜、制造工艺成熟。通过对极化隔离器的内部结构设计尺寸和基底材料选择的大量计算机仿真实验，确定了最佳设计方案，并且完成了样品加工。通过样品实验测试表明，此极化隔离器在220GHz±5GHz频段范围内隔离度大于60dB、传输损耗小于2dB。

设计并实现了一个新型的220GHz极化变换器，作用是对电磁波进行线极化波和圆极化波的双向转换。此极化变换器具有结构简单、制造工艺成熟、传输损耗小的特点。通过对极化变换器的内部结构设计尺寸和基底材料选择的大量计算机仿真实验，确定了最佳设计方案，并且完成了样品加工。通过样品实验测试表明，此极化变换器在220GHz±5GHz频段范围内圆极化波不圆度小于1.5、系统传输损耗小于3dB。

目 录

第一章 绪 论 //001

第一节 太赫兹（THz）波的定义和特点 //003

第二节 国内外太赫兹（THz）的研究现状及发展趋势 //006

第三节 收发隔离网络的研究目的和意义 //009

第四节 本书结构安排 //012

第二章 220GHz 雷达系统收发隔离网络方案设计 //017

第一节 220GHz频段典型雷达系统中的收发隔离网络性能分析

//020

第二节 220GHz铁氧体环形器的仿真设计 //032

第三节 220GHz波导内置介质片隔离器的仿真设计 //036

第四节 基于正交极化隔离原理的准光学收发隔离网络 //039

第五节 小结 //046

第三章　电大尺寸周期结构金属线栅体的数值计算方法研究　//051

第一节　有限尺寸单元仿真　//053
第二节　Floquet模计算方法　//058
第三节　单元加成算法　//067
第四节　小结　//082

第四章　220GHz 极化隔离器的设计　//085

第一节　极化隔离器的工作原理　//087
第二节　极化隔离器基底材料和参数优化设计　//088
第三节　小结　//099

第五章　220GHz 极化变换器的设计　//101

第一节　220GHz极化变换器实现方案　//103
第二节　极化变换器的仿真　//111
第三节　小结　//117

第六章　测试实验及结果分析　//119

第一节　220GHz极化隔离器、极化变换器制作工艺　//121
第二节　220GHz极化隔离器、极化变换器性能测试　//123
第三节　第一轮原理样机测试　//129

第四节　第二轮原理样机测试　　　　　　　　　//138

第五节　第三轮原理样机测试　　　　　　　　　//147

第六节　测试结果分析　　　　　　　　　　　　//154

第七节　小结　　　　　　　　　　　　　　　　//156

第七章　结　论　　　　　　　　　　　　　　　**//157**

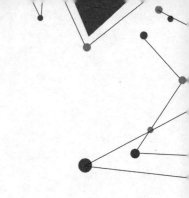

第一章

绪　论

第一节 太赫兹（THz）波的定义和特点

本书研究工作于 220GHz 或者更高频段的收发隔离网络，而此频段的电磁波有着明显的 THz 波特征，所以首先对 THz 波进行简单的介绍。

目前，普遍采用的太赫兹频段是由英国定义的 100GHz ~ 10THz（$1THz=10^{12}Hz$），它是介于毫米波和红外光之间相当宽的一个区域，如图 1.1 所示。1974 年，太赫兹（THz）首次在《微波理论与技术》（MTT）学报上出现，当时是用来描述米切尔森干涉计的光谱特性；此后，THz 又被应用于描述点接触型二极管探测器的频率特性。随着近十几年来超导技术、光学参量器件和各种激光器的发展，使 THz 技术的物理机制、检测技术和应用技术研究得到了全面发展。THz 技术可望广泛地应用于军事、医学、天文、生物等领域，也是国家正致力发展的一门新兴学科。

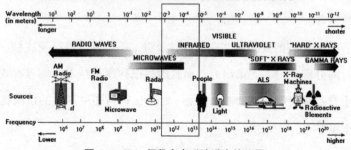

图 1.1　THz 频段在电磁波谱中的位置

THz 波正因为处在微波与远红外之间，具有与微波和远红外互补的特性。THz 波有如下几个方面的优势：

1. THz 波具有很高的时间和空间相干性。THz 辐射是由相干电流驱动的偶极子振荡产生，或是由相干的激光脉冲通过非线性光学差频产生的，具有很高的时间和空间相干性。现有的 THz 检测技术可以直接测量振荡电磁场的振幅和相位。

2. THz 波的光子能量低。频率为 1THz 的电磁波的光子能量只有大约 4meV，约为 X 射线光子能量的百万分之一，因此不会对生物组织产生有害的电离，适合于对生物组织进行活体检查。如利用 THz 时域谱技术研究酶的特性，进行 DNA 鉴别等。

3. 室温下（300K 左右），一般物体有热辐射，这一辐射大约对应 6THz。从宇宙大爆炸中产生的宇宙背景辐射有 1/2 都在电磁波谱中的 THz 部分。

4. 从吉赫兹（GHz）到 THz 频段，许多有机分子表现出较强的吸收和色散特性，这是由于分子旋转和震动的跃迁造成的。这种跃迁是一种特殊的标志，物质的 THz 波谱（包括发射、反射和透射）包含有丰富的物理和化学信息，并使得 THz 波有类似指纹一样唯一性的特点。

5. THz 波的典型脉宽在亚皮秒量级，不但可以进行亚皮秒、飞秒时间分辨的瞬态光谱研究，而且通过取样测量技术，能够有效地防止背景辐射噪音的干扰。目前，对 THz 辐射强度测量的信噪比可大于 10^{10}。

　　这些特点决定了 THz 技术的存在价值，并可以预见其在材料分析测试、光谱探测、环境检测、医疗诊断、宽带移动通信、卫星通信和军用雷达等方面具有极其巨大的应用潜能。

第二节 国内外太赫兹（THz）的
研究现状及发展趋势

近年来，随着国际恐怖主义的扩散和世界性灾害的发生，防恐、减灾、构建安全的现代社会已成为世界共同的紧要课题。欧、美等发达国家对利用 THz 辐射波技术给予了很大的关注。

在欧洲，政府和企业围绕太赫兹技术的广泛应用，加强产学研合作的研发日益活跃。2000 年以后，在欧洲第五、第六研究开发框架计划（Informationt Society Technologies，IST）的有关项目里，围绕太赫兹频段医疗、通信技术应用的研究非常活跃。英国在 2000—2003 年开展了 WANTED（Wireless Area Networking of Terahertz Emitters and Detectors）项目研究，开发了 1 ～ 10THz 的广域半导体振荡器和检波器，研讨 Tbps 级 WAN 的可能性；同一时期，英国还开展了 TERAVISION（Terahertz Frequency Imaging Systems for Optically Labeled Signals）项目，开发应用高功率、小型近红外短脉冲激光的小型医用 THz 脉冲成像装置，并通过风险企业 TeraView 取得了产业化进展。法国在 2001—2004 年实施 NANO-TERA 项目（Ballistic Nanodevices For Terahertz Data Processing），研究 THz 频段信号处理装置。瑞典在 2002—2004 年开展了 SUPER-ADC（A/D converter in superconductor- semiconductor hybrid technology）项目研究，旨在实现高温超导体和半导体混合的超高速 AD 转换器。

近年来，以美国国防高级研究计划署（DARPA）等为中心，额米果积极推进以国防为主要目的尖端技术开发和超高速电子领域的相关项目研究。如开展 TIFT（Terahertz Imaging Focal-plane-array Technology）项目研究，开发安全应用方面的小型高感度 THz 感测系统。2003—2006 年，进行 TFAST（Technology for Frequency Agile Digitally Synthesized Transmitter）项目研究，开发高速通信、定相整列天线发射机（phased-array antena）的数字化应用超高速 IC。从 2005 年开始实施 SWIFT（Submillimeter Wave Imaging FPA Technology）项目，开发安全防卫用的成像应用亚毫米波 FPA 组合装置。美国已有超过 10 家企业在 THz 波相关产品的开发方面取得进展。如 Picometrix 公司开发的宇宙飞船外壁薄板内部缺陷检查用 THz 成像系统已在美国国家宇航局（NASA）投入使用。Physical Sciences Inc. 与波音等公司也积极进行 THz 波在安全领域应用的研究开发。

乌克兰一实验室进行了大量准光学系统的研究。英国科学家在 THz 频段进行的几个超光速实验，涉及的都是亚波长尺度内的消失波，实验结果和理论计算都表明超光速 THz 脉冲的存在。美国的实验室已经实现了大功率 THz 光源，以及 T 射线层析成像术和 T 射线用于生化样品的识别和成像，并开始了非线性 THz 光谱分析学的研究。意大利和英国实现了全固体激光器。在德国，实现了 THz 共振结构用于无标记 DNA 识别。日本则实现了强磁场下半导体产生 THz 射线。

国内也有多家单位开展了 THz 频段的研究工作。天津大学的激光与光电子研究所在周期极化晶体（PPLN）方面开展了大量的工作，温度调谐的 PPLN 光学参量振荡器和角度调谐的 PPLN 光学参量振荡器都取得了一定的成果。中国科学院上海微系统与信息技术研究所的主要研究方向包括 THz 物理、器件及其应用，并从理论上研究了 THz 波与低维半导体的相互作用规律。首都师范大学首创采用啁啾脉冲互相关法探测 THz 波，得到了具有高时间分辨率的时域光谱。

第三节　收发隔离网络的研究目的和意义

在无线通信系统中，无线信号的接收和发送都需要通过天线。如果给接收机和发射机各配备一个天线，不但增加了成本、体积，而且天线传递信号之间还会相互干扰。目前，各种主动雷达导引头普遍采用的是接收、发射共用天馈系统，即同一个天线既发射又接收。这样可以避免采用两套天馈系统，在简化导引头结构的同时降低了成本，保证了发射天线和接收天线的一致性。为了保证接收和发射共用，天线必须同时连接发射机和接收机，而通常发射机的输出功率要远大于接收机的烧毁功率，所以，接收和发射共用天馈系统要解决的主要问题就是要在发射状态下保证接收机的正常工作，使其不被烧毁，也就是做到收发隔离。在微波频段这种收发隔离系统统称双工器，如图 1.2 所示，双工器在无线通信射频前端发挥着举足轻重的作用。

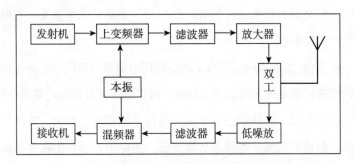

图 1.2　无线通信设备射频前端原理框图

无线通信系统前端存在很多种类的双工器。例如：波导双工器、同轴双工器、介质双工器、声表面波（Surface Acoustic Wave-SAW）双工器、微带双工器等。每种双工器都具有自己的优势，但也不可避免地存在一些缺陷。

波导双工器在通信领域应用的时间最久，也最成熟，实际应用中心频率可以达到 100GHz，其最大优点是损耗低，但这种双工器体积大，成本较高，调谐困难。

同轴双工器体积要比波导双工器小得多，谐振回路由于其电磁场全部封闭在同轴腔，其损耗低，品质因数可以达到几千，而且稳定性高、屏蔽好、生产工艺一致性易保证。若将它做成螺旋状滤波器，可以使它的尺寸更小，但会导致品质因数 Q 下降，这种螺旋结构比同轴腔结构的品质因数要低。

介质谐振器是由电磁波在介质内部进行反复全反射所形成的，由它构成的双工器可以实现小型化，但高成本使其应用受到阻碍。早在 20 世纪 70 年代，介质滤波器广泛应用于微波通信领域，跨入 80 年代，出现汽车电话和蜂窝电话，介质滤波器开始用于移动通信领域，但是到目前为止并没有广泛应用，主要是成本较高，实现批量生产比较困难。

由 SAW 滤波器构成的双工器，利用电信号与声信号的转换和对声信号的传输处理来完成滤波功能，可以实现任意精度的频率特性，其优良的性能、小体积适应了现代通信系统设备小型化、高性能的要求，但损耗较大，高频承受功率低，主要用于小型化要求很高的移动通信终端。

微带双工器适应了当今低成本、小型化、高频段的发展要求，得到了高度的重视，但其本身固有的缺点是品质因数低，损耗较大，只能用于一些要求不太高的系统中，对于要求较高的系统只能采用波导和同轴形式的双工器。

然而对于 220GHz，波长在 1mm 量级的电磁波，这些双工器加工制造将是非常困难的，并且由于尺寸微小，对于加工精度的要求非常高，在厘米波频段可以忽略的加工误差，在 220GHz 以上频段将会使器件完全不能工作。

在厘米波频段中应用较多的是环形器。微波技术中的一大突破是铁氧体的发现。铁氧体是由金属氧化物构成的一类陶瓷性磁性材料，利用这种材料在直流磁场和微波场共同作用下，呈现出的旋磁效应制成的微波铁氧体器件，如环行器、隔离器等。海湾战争中，美国威力显赫的"爱国者"导弹主要依靠了相控阵雷达技术，而铁氧体移相器则是相控阵系统的关键元件之一。卫星通信转发器的收发转换就是靠具有双工器功能的铁氧体环行器来实现的。转发器电路中的级间隔离、匹配、去祸是由小型、轻量、集成化的铁氧体隔离器来完成的，从而达到保护系统，提高其稳定性、可靠性之目的。

环形器的应用可以保证发射和接收信号共用一个天线，环形器能将收发信号传输通道分离，使得从发射机里发射的信号直接耦合至天线，不进入接收机里面去，从天线上接收的信号传输至接收机，不进入发射机。环形器运用的是 1/4 波长的微波传输线原理。它的特点是尺寸紧凑，重量轻，高性能，工作温度范围宽，所以在下面的研究中，会尝试的设计可以工作于 220GHz 的铁氧体环形器。

第四节　本书结构安排

第一章，首先介绍了 THz 波的特点和目前国内外的研究现状，然后着重说明了收发隔离网络对无线系统的重要性，最后列举了一些常见的收发隔离器件，并逐个介绍其特点。

第二章，首先列举了一些实际应用的 220GHz 雷达系统，分析了它们的性能，并着重分析它们的收发隔离系统，以及每种系统的特点。然后重点针对可能应用于 220GHz 频段的三种收发隔离技术方案：铁氧体环形器、波导内置介质片隔离器和基于正交极化隔离原理的准光学收发隔离网络，逐一分析三种技术方案的预期性能和应用可行性，结果表明，基于正交极化隔离原理的准光学收发隔离网络为最优选择。

第三章，在第二章确定的准光学收发隔离网络中，作为关键器件的极化隔离器和极化变换器，其属于电大、致密、周期性电磁结构，目前还没有高效的仿真设计计算方法。首先利用 HFSS 软件取其中一个微小单元进行仿真计算，然后用 Floquet 模方法进行编程计算，在以上两种方法的基础上，提出了一种基于惠更斯 – 菲涅尔原理的单元加成算法。通过研究表明，该算法具有物理概念清晰、计算效率高、误差满足工程设计要求的特点，为后续全尺寸极化隔离器和极化变换器样品设计提供了保证。

第四章，应用上一章的高效电磁计算方法，对极化隔离器基底材料选择和结构参数进行设计，针对四种可能用作极化隔离器基底的材料，逐一分析，同时，应用高效电磁计算方法对其内部结构参数进行优化设计，最终得到最优的结构和尺寸参数。

第五章，应用第三章的高效电磁计算方法，本章主要对极化变换器进行分析，找到两种方案可以在 220GHz 频段实现极化变换，通过分析，得到基于正交极化的金属栅条结构的极化变换器的方案比较合适。此极化变换器结构与第四章设计的极化隔离器类似，所以后面的分析方法类同，最终得到了极化变换器的最优结构和尺寸。

第六章，通过前面两章的计算分析，利用光刻用掩膜技术制造了极化变换器样品和极化隔离器样品。在不断改进中，进行了三轮的原理样机制造，也分别进行了三轮的具体测试工作。从最后的测试结果来看，极化隔离器和极化变换器都有着非常好的工作性能。

第七章，总结了全书的工作，简单归纳了未来将要进行的工作。

220GHz 收发隔离网络关键技术研究

参考文献

[1] 王亮. 关于太赫兹(terahertz)技术的初步探讨.

[2] 张艳, 张在宣, 金尚忠, 杨凯. THz 波及其光谱检测技术. 浙江, 杭州. 中国计量学院学报. 2006, 3.

[3] 贾刚, 汪力, 张希成. 太赫兹波(TeraHertz)科学与技术. 中国科学基金, 学科技术与展望. 2002.

[4] V. I. Bezborodov, A. A. Kostenko, G. I. Khlopov, and M. S. Yanovski. QUASI-OPTICAL ANTENNA DUPLEXERS. International Journal of Infrared and Millimeter Waves, Vol. 18, No. 7, 1997.

[5] Vladimir K. Kiseliov, *Member, IEEE*, Taras M. Kushta, *Member, IEEE*, and Pavel K. Nesterov. Quasi-Optical Waveguide Modeling Method and Microcompact Scattering Range for the Millimeter and Submillimeter Wave Bands. IEEE TRANSACTIONS ON ANTENNAS AND PROPAGATION, VOL. 49, NO. 5, MAY 2001.

[6] 沈京玲. 太赫兹技术与在太赫兹波段的超光速研究. 北京广播学院学报(自然科学版). 2004, 12.

[7] HANG Baigang, YAO Jianquan, ZHANG Hao, etal .Temperature tunable inf rared optical paramet ric oscillator wit h periodically poled LiNbO3 [J]. Chin Phys Lett, 2003, 20(7):1077—1080.

[8] I X W, CAO J C, ZHANG C. Optical absorption in terahertz2driven quant um wells[J]. J Appl Phys, 2004, 95(3): 1191—1195.

[9] 京玲, 张存林, 胡颖, 啁啾. 脉冲互相关法探测 THz 辐射[J]. 物理学报, 2004, 53 :2212—2215.

[10] 吴涛. 渡越时间二极管太赫兹辐射源. 东南大学毕业论文.

[11] Kai Liu, Jingzhou Xu, and X. — C. Zhang. Broadband THz Detection Using GaSe Crystals. Center for THz Research, Rensselaer Polytechnic Institute, Troy, NY 12180 US.

[12] Mark G. Mayes. Miniature field deployable Terahertz source. Applied Physical Electronics L.C. P.O. Box 341149 Austin TX 78734.

[13] 刘理,李刚,任惠茹.THz 射线成像技术及其应用.激光与光电子学进展. 200, 9.

[14] 曾茂生.提高电子战系统收发隔离的方法研究.舰船电子对抗,2008 年, 2 月,第 32 卷,第 1 期.

[15] 粮华清.收 / 发共用天馈系统的收发隔离研究.航空兵器,2009 年,第 1 期.

[16] 伍俊,李柏渝,周力,欧钢.全双工系统中收发隔离的分析与实现.微处 理机,2010 年,8 月,第 4 期.

[17] 刘宝生.一种特高频微波双工器的研制.西安科技大学,硕士毕业论文

[18] 尹亮忠.环行器 / 隔离器在微波通信中的应用.山西焦煤科技,2006 年, 6 月,增刊.

[19] 金国庆,唐正龙.微波铁氧体隔离器 / 环行器的应用与发展.第十二届 全国微波磁学会议论文集.

第二章

220GHz 雷达系统收发隔离网络方案设计

通过上一章的简单介绍，我们已经充分了解了 THz 波的特点和一些发展的趋势，以及目前在厘米波频段已较为成熟的收发隔离系统。现今，由于技术的进步，雷达的工作频率越来越高，突破厘米波频段收发隔离系统或器件在更高频段上应用的各种限制成为重要的研究课题。230GHz 作为大气传播窗口之一，McIntosh 已经做了工作于此频带雷达的描述工作，并对雷达波入射到各种表面和材料上的后向散射进行了精确的测量。340GHz 是另一个大气传播窗口，但是此窗口在湿润环境下对于水珠的衰减达到 10dB/km 以上。因此将220GHz 窗口用于亚毫米波成像是合理的。

收发隔离网络可以看作是普通雷达中收发开关的一种，而收发开关是这样一种装置，它允许发射机和接收机共用一部天线系统。在发射时，它必须保护接收机不被烧毁或破坏；而在接收时，它必须把回波信号送到接收机。在一种典型的天线收发开关应用场合，发射机的峰值功率可达 1MW 或更高，而接收机所允许的最大安全功率小于 1W。因此，在此应用场合，天线收发开关必须在发射机和接收机之间提供大于 60dB 的隔离；而对所需信号的传输损耗则应很小，甚至可以忽略不计。

本章所要设计的收发隔离网络应用于 220GHz 频段，并且要求此极化隔离网络具有高隔离度、低插入损耗、高输入功率以及工艺易实现等特点。所以本章先列举一些目前已有的 220GHz 雷达系统，分析他们的工作性能，对其中所采用的不同收发隔离技术进行逐一分析。

通过对现有 220GHz 雷达的收发隔离网络系统的研究，为本章 220GHz 收发隔离网络系统的设计提供了宽广的思路，接着对 220GHz 铁氧体环形器和波导内加介质片的隔离器进行了仿真计算，结果表明，220GHz 铁氧体环形器具有一定的隔离度，但是带宽窄；波导内加介质片的隔离器插入损耗较大，并且上述两种结构的加工工艺难度都很大，为此设计了一种基于正交极化隔离原理的 220GHz 准光学收发隔离网络。经分析表明，这种收发隔离网络具有良好的隔离度和较低的插入损耗，且可承受较高功率。

第一节　220GHz频段典型雷达系统中的收发隔离网络性能分析

一、德国FHR的双天线雷达系统

德国的高频物理雷达技术研究院（FHR）利用目前最先进的固态技术搭建了 220GHz 的宽带雷达。雷达的原理图如图 2.1 所示。

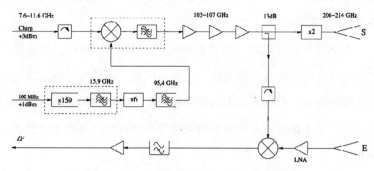

图 2.1　德国 FHR 的 220GHz 雷达原理图

从雷达原理图上可以看出，此雷达利用两个天线分别进行发射和接收来实现收发隔离，此收发结构利用收发天线的空间隔离来分离收发信号。如果发射天线和接收天线间距较近，并且之间不采用其他物体提高隔离度的话，收发天线间自身隔离度难以做到很高。

FHR 应用此雷达进行了一系列实验，图 2.2 为一个累积散射中心分布成像图，图中可以看出其为一民用自行车。雷达的具体工作参数见表 2.1。

表 2.1　FHR 220GHz 雷达性能参数表

工作频率	220GHz
输出功率	20mW
发射波形	线性 Chirp FM/CW
Chirp 宽度	120ms
射频带宽	8000MHz
空间分辨率	1.8cm
极化方式	H − H,H − V
动态范围	60dB

图 2.2　220GHz 雷达的累积 ISAR 成像

二、200GHz光学聚焦成像雷达

图 2.3 所示的，是首都师范大学物理光学实验室应用的 200GHz 的光学聚焦成像雷达，从图中可以明显看到聚焦用的透镜。此雷达尺寸小、重量轻，需要机械扫描平台配合雷达进行二维平面扫描成像。

图 2.3　200GHz 光学聚焦成像雷达

图 2.3 中的雷达外壳均采用金属材质，下面凸出的白色半圆形为天线透镜，200GHz 电磁波靠此凸透镜聚焦于透镜外约 18cm 处的目标上，用以扫描目标点，进行机械二维成像。

图 2.4 所示为 200GHz 雷达内部构造图，从图中我们可以看到，在 PWR 左面为 100GHz 振荡源，通过 2 倍频器，从 Emitter 辐射出 200GHz 电磁波，再通过 Deflecting mirror 反射到 Beam splitter 上，穿透 Beam splitter，透过凸透镜 Lens 扫描目标，此时 Cancelling mirror 的作用类似匹配负载，用以吸收被 Beam splitter 反射的电磁波，防止其进入接收机。雷达回波再次通过凸透镜打在 Beam splitter 上，此时 Beam splitter 把回波反射进接收天线，通过一系列检波放大，即可成像。

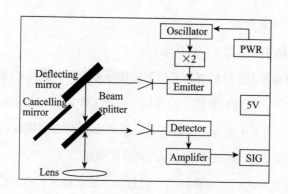

图 2.4　200GHz 光学聚焦成像雷达内部构造图

此雷达采用的主要是光学成像，雷达最前端的凸透镜起着重要作用，并且扫描目标必须处于此透镜的焦点处，方能成像，故只能近距离扫描成像。雷达中收发隔离器件主要就是 Beam splitter，为一半透型硅片，发射时，发射波照射于硅片的一面，此面为粗糙面，故发射波可以透射硅片；接收时，接收波打在硅片的另一面，此面经过打磨抛光非常光亮，此时的硅片起到反射作用，这时便可实现收发的隔离，就目前对普通硅材料的研究发现，硅片对电磁波的损耗还是比较大。

此系统采用的收发隔离可以看作是由光学系统演变而来，就以目前的工作性能来看，收发隔离度不高，传输损耗较大，不适于一般的远程雷达系统应用。

三、美国225GHz脉冲相干雷达

美国人 Robert W.McMillan 设计了一个工作于 225GHz 的脉冲相干雷达。

（一）系统组成

该雷达主要由以下部件构成：

1. 脉冲发射机，内部振荡器为锁相分布作用振荡器（EIO）。

2. 全固态电路接收机，内部包括一个工作在 56GHz 的耿式本振源（LO），一个 4 次分谐波混频器，耿式本振源由晶体参数振荡器锁相，调制发射机的输出脉冲使之对耿式锁定。

3. 准光学的收发隔离网络，包括一个涂有防反射材料的蓝宝石极化变换器，一个用来分离发射信号和接收信号的极化隔离器。

4. 15cm 塑料透镜天线。

（二）系统工作原理

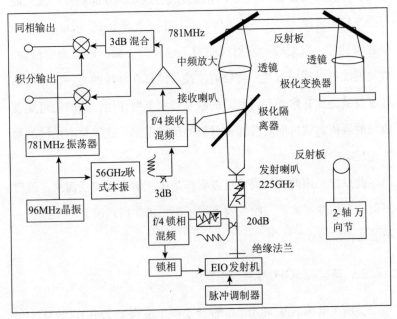

图 2.5 225GHz 脉冲相干雷达原理方框图

225GHz 脉冲相干雷达的原理方框图如图 2.5 所示。对应 98MHz 晶体参数振荡器，锁定 56GHz 耿式本振的相位，耿式本振输出分为两路，一路用来锁定 EIO 的相位，另一路作为 4 次分谐波混频的本振。EIO 的锁相控制电压被反馈回电子管，但电子管直接连接到输出波导，在发射机上面需要一个绝缘法兰。EIO 输出的线极化波通过极化隔离器，其中栅条线的导向和电磁波传播的极化平面相垂直。通过锥形扫描透镜可以使输出集中，再利用天线透镜可以校准输出。然后电磁波通过极化变换器后，辐射出圆极化波。通过万向节反射板电磁波可以指向不同方向上的目标。返回的电磁波，就形成反向圆极化波（与发射信号相比）。再次通过极化变换器，转变为线极化波，与 EIO 发射电磁波的线极化正交。对于接收电磁波来说，栅条线与电磁波极化平面相平行，所以接收电磁波被反射进接收喇叭。然后与本振的 4 次分谐波相混频，中频（IF）为 781MHz。经过中频放大，与晶体参数振荡器的谐波分别进行同相模式和积分模式的比较，得到脉冲输出，而输出信号的频率与目标的速率成比例关系。

（三）收发天线和聚焦透镜

为了减小损耗，收发天线和聚焦透镜尽可能地加工成准光学元件。尽量少使用有损耗的 WR–5 波导。接收机和发射机用了同样的圆锥波纹喇叭，使收发设备达到最优匹配。这种设计可以使溢出损耗降到最小，得到非常低的旁波瓣和较少的杂散辐射。圆锥波纹喇叭天线的制作工艺是首先在铝制心轴上镀金，再在上面电铸铜，然后用酸溶解心轴，就可以在铜喇叭内部留下精确的镀金波纹。

透镜是由聚四 – 甲基戊烯（TPX/PMP）塑料加工而成。透镜面加工成双曲线形状，用来减小球形失常。两副透镜的直径为 152mm，因为 TPX 对可见光具有良好的穿透性，一个透镜表面抛光用来校正可见光源，另一个透镜进行防反射处理，利用机械圆槽技术加工其表面，两个透镜都要覆盖 1/4 波长匹配层。槽必须加工成圆形，可以使相互垂直极化的两束波平等的通过透镜。

TPX 材料在高频表现出非常多的优点。在 244GHz 时，它的吸收系数小于 0.1dB/cm，526GHz 时为 0.28dB/cm。在生活中，TPX 塑料的应用也是非常广泛：

1. 烧杯、培养皿、培养箱（透明性、耐化学性、透水气性）。

2. 化妆品容器、瓶盖（香精）（本身不具塑料气味，不会干扰原始的香气）。

3. 微波炉餐盒、食器容器（无毒、耐温性佳、不吸收微波）。

4. 电子、电气零件、LED 模条、包覆电缆（绝缘性、挤出级）。

5. 医疗器械：窥镜管、注射器（卫生）。

6. 烤箱器具（高温）。

7. 薄膜（挤出级）。

从上面可以看到 TPX 塑料优点非常明显，而 TPX 材料的参数特性见表 2.2—2.4。

表 2.2　TPX（4 — methylpentene — 1）塑料基本物理特性参数表

密度	吸水率	熔点	维卡软化点	收缩率	透光率
0.82~0.83	0.01%	240℃	160℃ ~170℃	1.5%~3.0%	90%~92%

表 2.3　TPX 塑料相关电特性参数表

1. 在高温下比较：相当高的断裂伸长率、耐冲击强度、优越的耐蠕变性（刚性大）			
100℃以上 超过 PP	130℃环境下 可使用一年	150℃以上超过 PC	180℃环境下可使 用 100 小时
2. 电气绝缘性：（TPX 分子中无极性基团）			
介电强度：65KV/mm （较 PTFE 及丙烯为优）	介电常数：2.12（PTFE 介电 常数为 2.0~2.1）		介电损耗角正切： 1.5×10^{-4}
3. 耐化学品性：酸、碱、食用油。（吸水性很低：对水及水蒸气具有极高的耐 受性）			
4. 卫生安全性：无毒、符合美国 FDA 认定			

表 2.4　TPX 塑料的加工工艺方法

物料温度：260℃ ~300℃； 模具温度：70℃； 注塑机的螺杆长径比：L/P=20 以上。	注塑工艺
	吹塑成型
	挤出成型

　　因为此透镜在雷达收发隔离网络系统中的作用为聚集电磁波波束，所以在此对这种透镜进行研究，利用 Ansoft HFSS 软件进行电磁场的仿真计算。因为研究目的主要为了了解 TPX 塑料对 225GHz 电磁波的聚焦效果和带来的传输损耗，所以天线没有必要设计为复杂的波纹喇叭，只需设计为一般的圆波导直接过渡至圆锥喇叭，考虑到 HFSS 软件受计算硬件资源（内存容量、计算速度等）的限制，仿真计算中天线尺寸取：前端波导直径为 0.9mm、圆锥天线口径直径为 3.2mm、高 4mm。仿真计算模型如图 2.6 所示，TPX 塑料尺寸为：直径 5mm、中心厚度 2mm，TPX 塑料距离圆锥喇叭天线口面距离为 5mm。

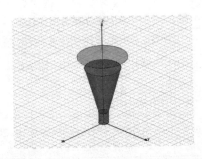

图 2.6 圆锥喇叭天线口面加 TPX 塑料透镜的仿真模型图

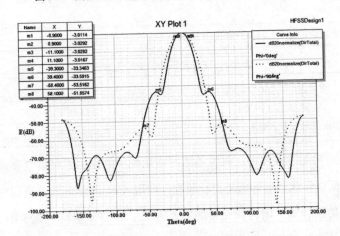

图 2.7 圆锥喇叭天线的方向图仿真计算结果

（实线表示 E 面方向图，虚线表示 H 面方向图）

未加 TPX 塑料透镜时，圆锥喇叭天线的方向图仿真计算结果如图 2.7 所示，其中实线为 E 面方向图分布曲线，虚线为 H 面方向图分布曲线。E 面的 3dB 带宽约为 17.8°（m1，m2），最大副瓣电平分别出现在 –39.3°（m5）和 39.4°（m6）处；H 面的 3dB 带宽约为 22.2°（m3，m4），最大副瓣电平分别出现在 –58.4°（m7）和 58.1°（m8）处。

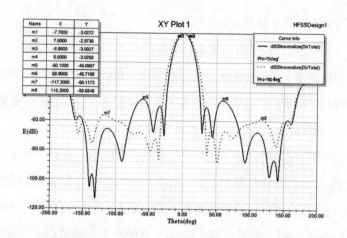

图 2.8　圆锥喇叭天线口面加 TPX 塑料透镜后方向图仿真计算结果

（实线表示 E 面方向图，虚线表示 H 面方向图）

　　圆锥喇叭天线口面加 TPX 塑料透镜后方向图仿真计算结果如图 2.8 所示，其中实线为 E 面方向图分布曲线，虚线为 H 面方向图分布曲线。E 面的 3dB 带宽约为 15.3°（m1，m2），最大副瓣电平分别出现在 −60.1°（m5）和 58.9°（m6）处；H 面的 3dB 带宽约为 17.4°（m3，m4），最大副瓣电平分别出现在 −117.3°（m7）和 116.3°（m8）处。

　　由图 2.7 和图 2.8 对比可以看出，TPX 塑料透镜对电波有明显的聚焦作用，E 面和 H 面主瓣宽度分别下降了 2.5° 和 4.8°。以电磁波波束中心电平作为增加 TPX 塑料透镜后引入传播损耗为标准，本仿真计算模型中，TPX 塑料透镜引入的传播损耗为负值，这表明主传播方向上的电磁波能量不但没有损耗，反而有些微小升高，这也说明了 TPX 塑料透镜本身作为凸透镜的聚波特性。

（四）极化变换器和极化隔离器

极化变换器用蓝宝石做成，蓝宝石有着明显的双折射现象。在247GHz 频率下，利用光学泵浦远红外激光和栅格极化分析仪，通过测量极化椭圆率得到蓝宝石的双折射值：$n_e - n_o = 0.345$。更高频率的蓝宝石双折射数值可以通过外推法获得。

在实际应用时，为了起到极化变换器的作用，必须以平行 C 轴来切割蓝宝石晶体。对于 C 轴，必须将 E 矢量划分为快轴和慢轴两个方向，并且两个分量互相垂直。蓝宝石晶体加工为直径 177.8mm、厚 4.89mm 的板。此厚度是（n+1/4）倍的波长。测试此光学元件，发现 225GHz 的 EIO 发射机发出的电磁波，两次通过蓝宝石得到的输入极化的垂直比率为 20dB。

蓝宝石平均折射指数为 3.24，所以必须加工防反射涂层，否则每面的反射损耗将达到 30%。聚酯薄膜（Mylar）的折射指数为 1.7，十分接近蓝宝石平均指数的平方根，所以采用聚酯薄膜作为防反射涂层。此涂层的最优薄膜厚度为 $\lambda/4 = 195\mu m$，并且商业上可用的最接近的厚度为 178μm。为了使防反射涂层发挥出良好的性能，还必须保证聚酯薄膜和蓝宝石紧密连接，可以采用真空设备将两种材料牵引到一起的工艺来实现。经过加工成型的蓝宝石 / 聚酯薄膜样品正面反射的损耗为 0.006dB，反面反射的损耗为 -0.003dB。如此低的反射率可以使进入接收机的杂散信号比发射机的输出低 22dB，从而不会毁坏混频器二极管。

极化隔离器是在聚酯薄膜上加工一层铝线栅条网而成。铝线宽度选择为 5μm，周期为 10μm。栅条是通过与光阻材料真空连接的面具和有铝涂层的聚酯薄膜基底印制而成，因为聚酯薄膜本身较软，为了方便应用，需要外框来对其进行固定。通过测量此器件，发现入射波极化方向与栅条线方向相互平行时，产生反射效果，反射比率可达 20dB，而当入射波极化方向与栅条线方向相互垂直时，产生透射效果，损耗为 0.02dB。

（五）分析

上面描述的脉冲雷达工作于 230GHz 的大气窗口，可以观测多普勒回波。锁相所用的方法是利用 Georgia Tech 锁定一个脉冲 orotron 振荡器。接收机中 4 次分谐波混频器的使用，使系统可以采用最基本的、稳定的耿式本振源。光学极化收发隔离网络多用于激光雷达上，但基于现有的加工塑料和蓝宝石晶体，也可以扩展应用到 230GHz 的频段上。其中的匹配方法和防反射涂层技术，广泛地应用在毫米波和远红外领域。

该雷达收发隔离网络是由两个关键部件组成的，以蓝宝石为主要原料的极化变换器和以聚酯薄膜为基底并涂有金属线栅铝层的极化隔离器。整个收发隔离网络的损耗可以在 1dB 以下，而收发隔离度达到 22dB 左右。

四、上述不同220GHz频段雷达系统收发隔离技术的总结

通过对上面三个已投入应用的 220GHz 频段雷达系统的分析，可以看到此频段内的系统很多都应用了准光学器件。三个系统的收发隔离网络，只有最后的基于正交极化原理的准光学收发隔离网络的实际工作性能比较优秀。

第二节　220GHz铁氧体环形器的仿真设计

20 世纪中叶，微波技术中的一大突破就是铁氧体的发现，它是一种金属氧化物构成的陶瓷性磁性材料。利用这种材料在直流磁场和微波共同作用下呈现出的旋磁效应制成的微波铁氧体器件，如隔离器、环行器、移相器等，在第二次世界大战中解决了雷达的级间隔离、阻抗以及天线共用等一系列实际问题，极大地提高了雷达系统的战术性能，成为其中的关键部件之一。随着微波铁氧体技术的不断发展，80% 以上用于军事，包括精密制导雷达、舰载雷达、机载远程警戒预警雷达、导航、炮瞄雷达等都采用了相控阵天线，支持了如 AEGIS、PATROT 等大型相控阵雷达的发展。冷战结束后，美、俄等发达国家也实行了"军转民"战略，微波铁氧体器件的应用逐渐大量向民用方面转移，并逐渐在卫星通信、微波通信、微波能应用、医疗、微波测量技术等多种电子设备中起着特殊的作用。其中微波铁氧体隔离器 / 环行器在这一时期也得到了迅猛的发展，自美国的 C.L.Hogen 研制出第一个法拉第旋转环行器以来，已研制出如结环行器、波导四端口差相移式环行器、场移式隔离器、同轴线谐振吸收式隔离器等多种类型和功能各异的铁氧体环行器和隔离器。在现代通讯、雷达系统市场中的应用日益扩大。

在电子系统中级间隔离、防止串扰、阻抗匹配、天线共用、去祸等都是由小型、轻量、集成化的微波铁氧体隔离器 / 环行器来完成，从而达到保护系统，提高其稳定性、可靠性的目的。

在体积、性能方面，近五十年来，微波铁氧体器件（包括微波铁氧体环行器/隔离器）向着大功率、小型化（微带化、片式化、薄膜化）、宽带化、高可靠性方向发展。例如，超远距远程雷达和微波医用治疗仪用的大功率波导相移隔离器长约一米，重达100kg，而微型化隔离器仅3g，外形尺寸为$5 \times 5 \times 2$mm，美、俄、日等国在微波铁氧体环行器/隔离器的小型化研制方面一直处于世界领先水平，如美国的M/A-COM、MICA、TRAK，俄罗斯的ISTOK、DOMAIN公司，日本的村田、TDK等，都在进行环行器/隔离器研究。在性能方面如插入损耗由过去的0.6dB，发展到现在的0.2dB，甚至更小，带宽也从过去的窄带发展到现在的倍频，甚至双倍频。

基于微波铁氧体环形器与隔离器的发展势头，探讨其在220GHz雷达收发隔离系统中应用的可行性是必要的，为此本节仿真设计了一个工作于220GHz的铁氧体环行器，考察其可能达到的技术指标，探讨在220GHz雷达系统中应用的可能性。

（一）设计技术参数

1. 中心频率：220GHz。

2. 波导口孔径：BJ2200（$a \times b = 1.092$mm$\times 0.546$mm）。

（二）方案分析

目前，为提高开关转换速度，Ka波段以下的铁氧体开关采用结型内磁路锁式结构，其磁芯结构如图2.9所示。

由于本课题要求开关工作在220GHz，铁氧体样品和其他匹配零件尺寸将很小，一般接近半波长或1/4波长，即0.34mm ～ 0.68mm

左右。考虑到国内现有工艺水平，要实现在铁氧体样品上打孔并穿励磁线圈的内磁路锁式开关，可行性不大。所以，我们设计在环行器的基础上，采用外磁路形式对开关进行磁化，并控制开关状态的转换。

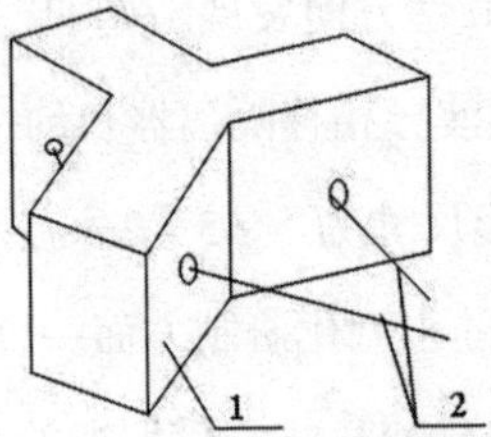

1. 铁氧体磁芯　　　2. 励磁线圈

图 2.9　铁氧体环形器磁芯结构示意图

（三）仿真计算结果

按照上述设计方案，其 220GHz 铁氧体环形器仿真设计模型如图 2.10 所示。本设计选择的铁氧体材料参数为 $B_s=0.5T$，$\varepsilon_r=13.5$。

应用 Ansoft HFSS 9.0 版本仿真软件，仿真计算结果如图 2.11 所示。此结果是在尺寸参数优化后得到的，由于 220GHz 频段的电磁波波长较短，对尺寸的敏感度比较大，所以要得到图 2.11 的性能参数，还需要精密的加工，如有微小的尺寸误差也会对结果造成比较大的影响。

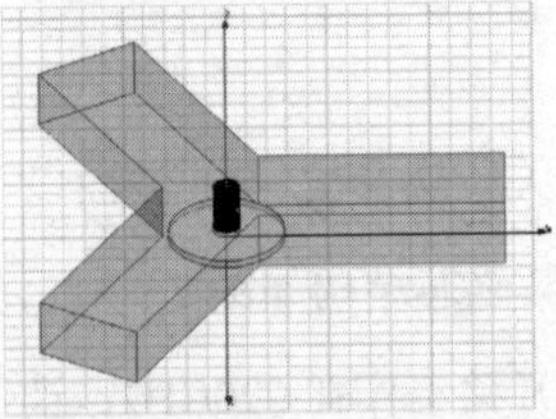

图 2.10　220GHz 铁氧体环形器仿真设计模型图

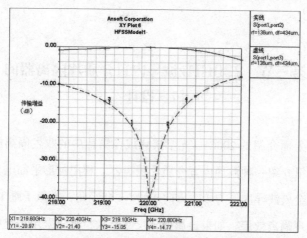

图 2.11 220GHz 铁氧体环形器仿真计算结果

（四）结论

从仿真计算结果可以看出，本节仿真设计的 220GHz 铁氧体环行器在要求的工作频率上是能够实现环行的。隔离度高于 20dB 时的带宽为 1GHz，当隔离度高于 15dB 时的带宽也只有 1.6GHz。从隔离度指标可以看出，对于收发隔离度要求不是太高的雷达系统来说，可以满足应用要求；但是工作带宽太窄，不能发挥 THz 频段雷达系统宽频带、高分辨率成像的优势。

第三节 220GHz波导内置介质片隔离器的 仿真设计

与上面介绍的 200GHz 光学聚焦成像雷达中的收发隔离原理类似，这里介绍一种波导内置介质片隔离器。利用圆形平面电介质板放置于金属波导内，与传输方向成 θ = 45° 角，类似于魔 T 结构，可以实现隔离效果。如果金属波导尺寸较大，可以采用中空电介质和金属 – 电介质波导。电介质板应该放置于对角线上，这样产生的效果就等于电介质隔离器。此方法是一种准光学方法，利用电磁波照射在介质片上的半透效果产生的透射和反射来实现。具体结构图如图 2.12（a）所示。

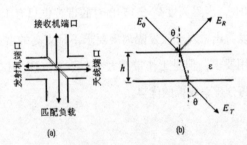

图 2.12 波导内置介质片隔离器结构和辐射图

为了实现透射电场 E_T 和反射电场 E_R 的幅度相等，既 $T^2 = R^2 = 0.5$（T 为透射系数，R 为反射系数），电介质板需要特定的厚度 h 和介电常数 ε ，这种情况下发射和接收的总损耗不可能小于 6dB，但此时发射和接收的隔离度主要是由电介质板的放置方向决定，并且隔离度高于50dB。通过分析 T 和 R，当介质片的厚度 h 满足 1/4 波长板时，可以得到最大频带宽度：

$$h = \frac{\lambda_0}{4\sqrt{\varepsilon - 0.5}}(2n+1) \qquad (n = 0, 1, 2, 3, \cdots\cdots) \qquad (3-1)$$

公式（3-1）决定了一个必要的介电常数数值：H面（电场矢量垂直入射平面）$\varepsilon = 3.4$，E面（电场矢量平行入射平面）$\varepsilon = 11$。如图 2.13 所示，透射损耗的频率特性曲线为 $\eta_T = 20\lg T_H$（dB），反射损耗的频率特性曲线为 $\eta_R = 20\lg R_H$（dB），此时设备有足够的频带宽 $2\Delta f/f_0 < 64\%$，在频带内总的损耗不会超过 $\eta_\Sigma = \eta_T + \eta_R = 6.1$dB（假设连接处无损耗）。如图 2.14 所示，当介电常数增加到 $\varepsilon = 3.85$，n=0 时，频带扩至 $2\Delta f/f_0 < 84\%$ 是可以实现的，得到透射损耗曲线 η_T 和反射损耗曲线 η_R，此时随着介质片厚度 h 的增加，会使频带变窄。如图 2.15 所示，当 $\varepsilon = 3.85$，n = 1 时，得到频带宽为 $2\Delta f/f_0 < 28\%$，得到透射损耗曲线 η_T 和反射损耗曲线 η_R。

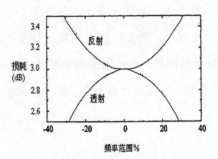

图 2.13 介质片对电磁波的透射、反射
损耗曲线图（$\varepsilon = 3.4$，n=0）

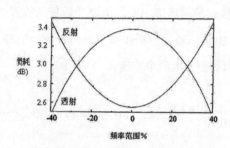

图 2.14 介质片对电磁波的透射、反射
损耗曲线图（ ε = 3.85，n=0 ）

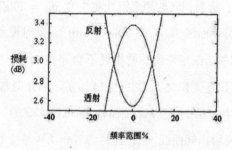

图 2.15 介质片对电磁波的透射、反射
损耗曲线图（ ε = 3.85，n=1 ）

  由前面的工艺描述，需要在波导内进行加工，本身 220GHz 的波导口径已经非常细小，再在里面进行加工作业，是比较困难的。再者，通过原理介绍以及上面三张图的损耗曲线，显示出来的损耗也是比较大的，所以此方案可行性不高，实际效果不好。

第四节 基于正交极化隔离原理的准光学收发隔离网络

基于225GHz脉冲相干雷达和200GHz聚焦成像雷达中的收发隔离网络技术，笔者设计了一套基于正交极化隔离原理的新型准光学收发隔离网络，其简化原理图如图2.16所示。对于其中的两个关键器件——极化隔离器和极化变换器，在225GHz脉冲相干雷达的介绍中，已经做了比较详细的介绍。但在实际操作中，无论是利用金属条覆在聚酯薄膜上用作极化隔离器，还是利用蓝宝石实现的极化变换器，都是难以实现的（在后面会详细说明）。故这里设计了新型的极化隔离器和极化变换器组成一个新的准光学收发隔离网络。

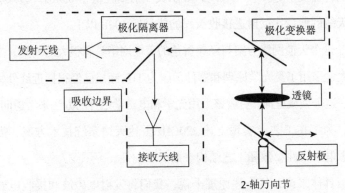

图2.16 准光学收发隔离网络原理图

基于正交极化隔离原理的220GHz雷达天馈系统方案，即准光学收发隔离网络如图2.16所示。其中发射天线发射的电磁波为线极化波（假设为水平线极化波），极化隔离器对发射的水平线极化波来说可以顺利通过，其传输损耗要求低于 0.5dB；对接收天线（其极化方向为垂直极化方向）来说，发射的水平线极化波将被隔离，也就是说，发射天线波束中心的功率密度与进入接收天线的电磁波功率密度之比（隔离度）要求大于 60dB 以上。极化变换器起着将线极化波变换为圆极化波（假设为左旋）的作用，透镜起着将发散的电磁波进行聚合的作用，最终通过反射板发射的是左旋圆极化波，2 轴万向节可以带动电磁波进行空间的二维扫描。

发射电磁波照射到被探测目标后，其回波仍然是圆极化波，但是其旋向改变为发射波旋向的相反方向，即右旋圆极化波。此右旋圆极化波经过极化变换器后将变为线极化波，其极化方向将变为发射线极化波的正交方向（即垂直线极化波）。此垂直线极化波将由极化隔离器反射进入接收天线，要求其反射损耗低于 0.5dB，透入进发射天线的能量比反射进接收天线的能量低 10dB 以上。

这个天馈网络方案与经典雷达的天馈网络具有很大的差异。本方案大量采用了类光学原理和器件，因为 THz 频段已经很接近红外，所以在这个领域里面，更应该采用光学和电磁学结合的方法来考虑问题。

为了在工艺上实现上述 220GHz 雷达天馈系统技术方案，需要考虑电气特性参数和工艺结构参数的匹配性。

具体来说，从上述原理来说，我们将发射电磁波和接收电磁波看成了一根射线或一束只有很小空间角的射线束。实际上，发射天线发射出来的电磁波主波束充满全球空间，其主波束宽度视天线口面尺寸而定，其第一副瓣及其他副瓣分布角度和辐射强度决定于天线设计参数。因此，为了保证上述原理的实现，发射天线主波束不能超过极化隔离器四周边缘，发射天线第一副瓣不能位于接收天线所在的空间角内，收发天线之间空间角之外部分可以用吸波材料进行吸收。

根据上述分析，希望极化隔离器几何尺寸尽量大。但是，从工艺实现的难度和加工精度保证来说，希望极化隔离器尺寸尽量小，这就存在一个折中匹配问题。

上述分析是从发射波角度进行的，对于接收波来说同样存在上述问题，因此极化变换器的尺寸选择也存在一个折中匹配问题。

本方案设计中，发射、接收天线设计参数如下：

1. 天线形式为矩圆过渡喇叭天线。

2. 天线口面内直径为 10mm。

3. 天线过渡段长度为 18mm。

按照上述发射、接收天线设计参数，应用 Ansoft—HFSS 仿真软件进行仿真计算得到天线方向图，结果如图 2.17 所示。

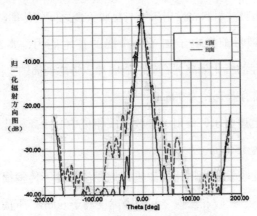

图 2.17　发射、接收天线方向图

由发射、接收天线方向图，该天线 3dB 主瓣宽度为 ±5°、10dB 主瓣宽度为 ±10°、第一副瓣角度为 20°。

根据发射、接收天线方向图特性参数，遵照前面讨论的工艺结构参数设计原则，可以对收发隔离系统的相关参数进行设计。

设计极化隔离器直径尺寸参数为 D，发射天线相位中心距离极化隔离器中心距离为 R，接收天线口面距离极化隔离器中心距离为 H。

为了保证发射天线主波束（以 10dB 主瓣宽度 ±10° 为准）全部处于极化隔离器内，要求 R ≤ 2.362D。

为了保证发射天线第一副瓣处于接收天线空间角之外，要求 R ≥ 2.75H。

为了保证接收电磁波能够全部进入接收天线，接收天线口面距离极化隔离器中心距离为 H 应大于 2.362D，即 R ≥ 6.5D。

显然，上述参数是矛盾的。问题来源是要求发射天线第一副瓣处于接收天线空间角之外。取消此要求的技术措施是采用吸波材料遮挡，即用吸波材料将发射天线与接收天线之间的传播路径阻断。

考虑到目前微电子加工生产线的技术能力，本次设计采用 100mm 直径的极化隔离器石英玻璃底片，考虑到周围支撑件尺寸后，极化隔离器有效直径为 90mm。

综合上述要求，发射、接收天线相位中心距离极化隔离器中心距离 R 取为 150mm。

利用此收发隔离网络可以进行远距离扫描，传输损耗可以控制在 2dB 以下，接收和发射之间的隔离度高于 60dB。下面进行详细介绍此收发隔离网络中的两个关键器件——极化隔离器和极化变换器。

一、极化隔离器

极化隔离器可以说是收发隔离网络中的一个重要部件，用它分离正交极化的电磁波，实现高隔离度。下面介绍极化隔离器的工作原理和预想加工模型。

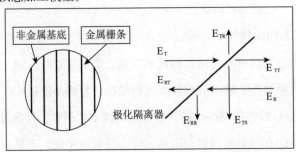

图 2.18　极化隔离器结构及工作原理示意图

（实线为发射回路电磁波传播方向，虚线为接收回路电磁波传播方向）

极化隔离器设计为在一个很薄的非金属基底材料上加工周期性金属栅条。对比图 2.16 中的极化隔离器和天线摆放位置，如图 2.18 所示，发射波 E_T 由发射天线发出斜 45° 照射在极化隔离器上，发射电磁波的极化方向与金属栅条方向相垂直，产生透射效果，透射波为 E_{TT} 接收时，返回的回波 E_R 同样斜 45° 照射在极化隔离器的另一面上，此时回波的极化方向与金属栅条方向相平行，产生反射效果，反射波 E_{RR} 进入接收天线。图 2.18 中，进入发射天线的透射回波 E_{RT}、进入接收天线的散射发射波 E_{TS} 和由发射波 E_T 产生的反射波 E_{TR} 为干扰波。发射波 E_T 透射极化隔离器得到的电磁波 E_{TT} 和目标回波 E_R 被极化隔离器反射的电磁波 E_{RR} 为主波，他们与干扰波的比越大说明隔离器的性能越好。

其中，E_{TR} 为反射电磁波，在系统中需要利用吸收边界对其进行消除。E_{TS} 为发射回路时进入接收天线的电磁波，代表着此收发隔离网络的隔离性能。为了保护接收机，隔离度必须高于 60dB。E_{RT} 为接收回路时，进入发射天线的干扰波，但目标回波值已经非常小，所以一般不会对发射回路造成影响。

在 225GHz 脉冲相干雷达中说明的制造方法，目前很难实现。通过调研，目前可以利用光刻技术在基底层加工铝线。由于加工过程处于高温状态，故一般对温度比较敏感的材料不能适用（在第四章会给出具体研究和分析过程）。通过第四章的研究，目前可以用作基底材料的有石英玻璃和高阻硅，优点是质地坚硬、不易变形、耐高温，可以方便地找到原材料进行加工。

二、极化变换器

在 225GHz 脉冲相干雷达中，利用蓝宝石实现极化变换器，目前实际应用也是比较困难的（第五章会详细说明）。故这里利用极化隔离器的正交极化原理，设计了一个新型的极化变换器。

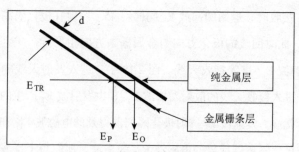

图 2.19　极化变换器的结构和工作原理图

此极化变换器与极化隔离器非常类似，只是在极化隔离器的另一面再加工纯金属层。如图 2.19 所示，E_{TR} 为发射波，其极化方向与极化变换器的金属栅条成 45° 角。所以 E_{TR} 可以看成 E_0 和 E_P 的合成波，E_0 的极化方向垂直于栅条，而 E_P 的极化方向平行于栅条。由上面对极化隔离器的研究，E_0 可以穿透金属栅条面，直接照射在后面的全金属面上，从而被反射，再次穿透栅条。而 E_P 则直接被金属栅条面反射。

由于金属栅条层与纯金属层之间的空间距离 d，E_0 和 E_P 将会产生 90° 的相位差。所以最终结果就是发射的线极化波经过极化变换器就会产生圆极化波，反之，利用相同的理论，从目标反射回的圆极化波经过极化变换器，也可得到线极化波。

此极化变换器的加工原理与极化隔离器类似，比极化隔离器多一个加工步骤是在基底的另一面加工纯金属面。对于两金属层之间的距离 d，可以通过控制基底厚度来很好的实现。

第五节　小结

目前可以找到已有的微波 220GHz 雷达系统还是非常少的，在 THz 频段，大部分采用的都是光学激光方法，体积庞大，对精度要求高，制造成本高。就本章设计的收发隔离网络主要应用于微波雷达，通过对以上 220GHz 雷达结构中的收发隔离网络进行对比，THz 脉冲相干雷达中的收发网络性能明显更好，原理更为合适，所以对此雷达的分析介绍也是颇为详尽，此种结构可以更好地实现低损耗，高隔离度。后面通过对比本章设计的三种收发隔离网络，铁氧体环行器和波导内置介质片隔离器都有不同的缺陷和加工困难，而基于正交极化隔离原理的准光学收发隔离网络在性能和加工方面有巨大优势。所以就目前可以实现的一些手段，设计了新型的准光学收发隔离网络，在其内部有两个关键器件：极化隔离器和极化变换器，而此两个关键部件在文献[19]中提到的设计方案和加工实施还是比较困难的，故在文中给出了新的设计方案，在后面会进行更详细的讨论。

参考文献

[1]　H. J. Liebe and D. H. Layton, "Millimeter–wave properties of the atmosphere: Laboratory studies and propagation modeling," NTIA Rep. 87–224, National Telecommunications and Information Administration, Boulder, CO, Oct. 1987.

[2]　R. E. McIntosh, R. M. Narayanan, J. B. Mead, and D. H. Schaubert, "Design and performance of a 215 GHz pulsed radar system," *IEEE Trans. Microwai,e Theory Tech.,* vol. 36, pp. 994–1001, June 1988.

[3]　R. E. McIntosh and J. B. Mead, "Polarimetric radar scans terrains for 225–GHz images," *Microwai~sa nd RF,* p. 91, Oct. 1989.

[4]　R. M. Narayanan, C. C. Borel, and R. E. McIntosh, "Radar backscatter characteristics of trees at 215 GHz," *IEEE Trans. Geosci. Remote Sensing,* vol. 26, pp. 217–228, May 1988.

[5]　R. L. Hartman and P. W. Kruse, "Quasi–imaging near millimeter radar," presented at Fourth Int. Conf. Infrared and Millimeter Waves, Miami Beach, FL, Dec. 10–15, 1979.

[6]　*Introdiiction to Extended Interaction Oscillators,* Data Sheet 3445 5M 11/75, Varian Associates of Canada, Ltd., Georgetown, Ont., Canada, 1975.

[7]　G. M. Conrad and J. C. Butterworth, "Extended interaction oscillator/amplifier modulator technology," presented at Eighth Int. Conf. Infrared and Millimeter Waves, Miami Beach FL, Dec. 12–17, 1983.

[8]　T. F. McMaster, M. V. Schneider, and W. W. Snell, "Millimeter– wave downconverter with subharmonic pump," in *IEEE MTT-S Int. h4icrowai.e Symp. Dig.* (Cherry Hill, NJ), 1976.

[9]　R. E. Forsythe, V. T. Brady, and G. T. Wrixon, "Development of a 183 GHz

subharmonic mixer," presented at IEEE MTT–S Int. Microwave Symp., Orlando, FL, May 1978.

[10] M. S. Narasimhan, "Corrugated conical horn as a space feed for phased–array illumination," *IEEE Trans. Antennas Propagat.*, vol. AP–22, pp. 720–722, Sept. 1974.

[11] B. M. Thomas, "Design of corrugated conical horns," *IEEE Trans. Antennas Propagat* ., vol. AP–26, pp. 367–372, 1978.

[12] T. Morita and S. B. Cohn, "Microwave lens matching by simulated quarter-wave transformers," IRE *Trans. Antennas Propagat.*, p. 33, Jan. 1956.

[13] J. R. Birch, J. D. Dromey, and J. Lesurf, "The optical constants of some low-loss polymers between 4 and 40 cm ~ ' " National Physical Laboratory (United Kingdom) Rep. DE; 69, Feb. 1981.

[14] E. E. Russell and E. E. Bell, "Optical constants of sapphire in the far infrared," *J. Opt. Soc. Amer.*, vol. 57, pp. 543–544, 1967.

[15] E. V. Lowenstein, D. R. Smith, and R. L. Morgan, "Optical constants of far infrared materials 2: Crystalline solids," *Appl.*

[16] S. Roberts and D. D. Coon, "Far infrared properties of quartz and sapphire," *J. Opt. Soc. Amer.*, vol. 57, pp. 1023–1029, 1962.

[17] R. W. McMillan *et al.*, "Results of phase and injection locking of an orotron oscillator," *IEEE Trans. Microwace Theory Tech* .

[18] M. J. Post, "Atmospheric infrared backscattering profiles: Interpretation of statistical and temporal properties," NOAA Tech. Memorandum ERL WPL–122, National Oceanic and Atmospheric Administration, Boulder, CO, May 1985.

[19] Robert W. McMillan, Senior Member, ZEEE, C. Ward Trussell, Jr., Ronald A. Bohlander, J. Clark Butterworth, and Ronald E. Forsythe, "An Experimental 225 GHz Pulsed Coherent Radar," IEEE TRANSACTIONS ON MICROWAVE THEORY AND TECHNIQUES, VOL. 39, NO. 3, MARCH 1991

[20] Helmut Essen, Stefan Stanko, Rainer Sommer, Alfred Wahlen, Ralf Brauns, Joern Wilcke,Winfried Johannes, Axel Tessmann and Michael Schlechtweg, "A High Performance 220-GHz Broadband Experimental Radar", 978-1-4244-2120-6/08/$25.00 ©IEEE.

[21] 金国庆, 唐正龙. 微波铁氧体隔离器 / 环行器的应用与发展. 第十二届全国微波磁学会议论文集

[22] R.I. Perets et al. Antennye perekluchateli. Moscow, Sovetskoe Radio, 1950(in Russian).

[23] A.F. Harwey. Microwave Engineering. London - NewYork, Academic Press,1963.

[24] R.A. Valitov et al. Tekhnika Submillimetrovych Voln. Moscow, Sovetskoe Radio, 1969 (in Russian).

[25] A.Ya. Usikov et al. Electronika i Radiofizika Millimetrovykh I Submillimetrovykh Voln. Kiev, Naukova Dumka, 1986 (in Russian).

[26] E.M. Kuleshov, D.D. Litvinov. K Voprosu o Delenii Lucha v Kvazioptischeskikh SVCh Traktakh. Radiotekhnika, Kharkov, Kharkov State University, 1971, No18, p.p.98-104 (in Russian).

[27] V. I. Bezborodov, A. A. Kostenko, G. I. Khlopov, and M. S. Yanovski, "QUASI-OPTICAL ANTENNA DUPLEXERS," International Journal of Infrared and Millimeter Waves, Vol. 18, No. 7, 1997

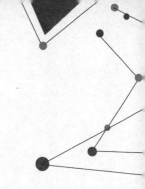

第三章

电大尺寸周期结构金属线栅体的数值计算方法研究

通过上一章的研究，确定了准光学收发隔离网络方案为最优方案，其中的关键器件极化隔离器和极化变换器均为金属线栅结构，此金属线栅结构是致密、周期结构，并且尺寸相对波长很大，目前的电磁计算方法难以进行高效的计算，本章主要研究能够实现对此种结构进行高效计算仿真的方法，并详尽介绍各种方法的特点和初步计算结果。最后主要介绍本文提出的单元加成算法，说明此新算法的优点，并对其误差进行分析，结果表明可以满足工程设计要求。

第一节　有限尺寸单元仿真

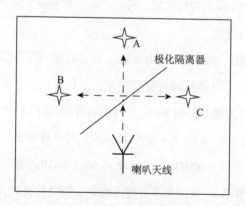

图 3.1　HFSS 仿真求解模型

目前最简便的方法便是采用 Ansoft 公司的 HFSS 软件对极化隔离器进行仿真，HFSS 软件是一款非常成熟的电磁场计算软件，利用有限元分析方法，精度高、计算速度快、操作简单。但因为极化隔离器内部为 μm 量级的金属栅条结构，对于内部极其致密的极化隔离器，HFSS 软件的有限元计算方法在计算时必须进行非常高密度的剖分，较大尺寸的模型是不能进行仿真的。通过对收发隔离网络的系统设计和极化隔离器的原理分析，大尺寸的极化隔离器必然会有更高的工作性能，但考虑到实际加工、原材料等多方面的限制，最后确定的极化隔离器为直径 100mm 的圆片型结构，尽管如此目前的计算机硬件配置还是不能达到全尺寸仿真的要求。但从图 3.1 的简化求解模型上看，此模型主要针对的是极化隔离器，重要工作性能指标便是 A 点、B 点和 C 点方向上的电磁波辐射能量值（对比分析图 2.17），由于求解的频段在 220GHz，此频段的电磁波已经具有 THz 波指向性好的特性，并且极化隔离器内部为周期结构，所以为了能够让 HFSS 软件顺利进行仿真，采取了压缩模型的方法，即只取一个微小单元进行计算。

对于有限尺寸的单元仿真方法，是在有限条件下的一种简便方法。受目前个人计算机硬件配置所限，总体来说尺寸大了，电脑是无法进行计算。通过分析 HFSS 软件中的有限元计算方法，如果要利用 HFSS 软件进行全尺寸（直径 100mm）的计算仿真，计算机的内存容量至少需要 6,000TB（6,000TB=6,000,000GB，普通个人计算的内存大约在 2GB），目前是不可能实现的。所以仿真时，只能选择一个小单元进行，单元尺寸的仿真速度还是比较快的，如果单元的尺寸取的较大一点，只要计算机能够完成计算，计算的时间也并不会长很多，并且把 HFSS 软件的计算误差 ΔS 设置在 0.02，在 A 点、B 点和 C 点方向上可以得到一个单元周围比较精确的电磁场结果。

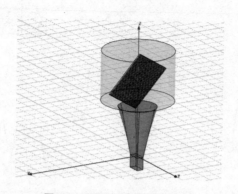

图 3.2　极化隔离器的仿真模型

图 3.2 为有限尺寸单元方法的仿真模型。实际使用的极化隔离器为 100mm 直径的圆片，笔者电脑的极限仿真单元尺寸在 7mm×7mm 左右，而进行极限尺寸仿真时，计算结果的误差是不能保证的，故一般采用 5mm×5mm 的单元尺寸进行计算。内部金属栅条的尺寸和全尺寸极化隔离器相同。考虑到目前工艺的便携性和基底材料电参数的稳定性，以下仿真选取石英玻璃为基底材料。

仿真模型参数如下所示：

1. 单元尺寸：5mm×5mm。

2. 基底材料：石英玻璃，厚 0.3mm。

3. 金属铝线：宽 5μm，周期 90μm，厚 0.5μm。

4. 天线：口径 3.2mm，高 4mm。

5. 单元距天线口面：3mm。

6. 主频：220GHz。

7. 误差：ΔS=0.02。

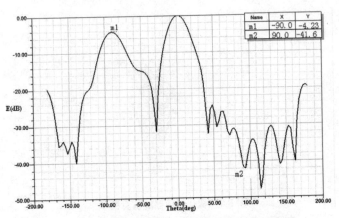

图 3.3　电磁波极化方向与金属线垂直时电场方向图

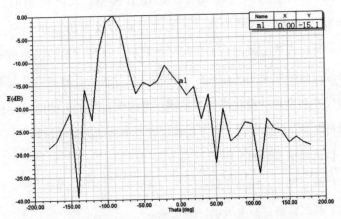

图 3.4　电磁波极化方向与金属线平行时电场方向图

　　图 3.3 所示为电磁波极化方向与金属线垂直时的电场方向图，对比图 3.1，A 点方向为电磁波的主要传播方面，没有改变，透射传输损耗在 1dB 左右。m1 点表示为 C 点方向，被极化隔离器反射的电磁波，可以看到其辐射能量不算小，所以需要在其方向上设置一个匹配器件，用以吸收此方向上的电磁波。如果进行没有基底材料的

极化隔离器单元仿真，得到的电场曲线 C 点的值会小很多，可见是由于石英玻璃基底材料对电磁波的反射，在实际加工中可以进行防反射涂层，从而减小基底材料对电磁波的反射。m2 点表示为 B 点方向，代表隔离度，从此图可以得到 –41.6dB 的隔离度，而此隔离度还只是共极化的空间隔离度，在实际中，发射天线和接收天线为正交极化方向，理论上可以得到更好的效果。

图 3.4 所示为电磁波极化方向与金属线平行时的方向图，从图中可以看到电磁波的主要传播方向已经变为 –90° 方向（图 3.1 中 C 点），反射的传输损耗在 1dB 左右。m1 点（图 3.1 中 A 点）表示透射的电磁波，可以看到已经相对很小。

此次的仿真计算时间大概在半个小时。仿真的结果图虽然只是对一个微小单元计算所得，但可以明显看出一个单元也是可以对不同极化方向电磁波进行分离的，虽然不知道此计算结果与全尺寸极化隔离器的真实性能相差多少，但其仿真结果符合极化隔离器的工作原理，可以用来检验极化隔离器的效用。

但必须要说，全尺寸极化隔离器的工作性能（如图 3.1 中的 A 点、B 点和 C 点）必然会与单元仿真的计算结果不同。如图 3.2 的仿真模型，单元距离天线口面非常近，并且天线的口径和高也是非常小的，这是为了方便 HFSS 计算，不得不压缩的结果，实际中，是不可能的。而有限尺寸单元仿真方法也是不得已而简化的一种计算方法，此方法是不能得到真实极化隔离器的工作性能，下面将继续探讨其他可以进行计算的方法。

第二节　Floquet模计算方法

　　上面的有限尺寸单元仿真方法因为计算的尺寸非常有限，得到的结果必然不会严谨。考虑到极化隔离器内部为周期结构，此种结构可以利用 Floquet 模的计算方法，Floquet 模是电磁场波动方程满足周期性边界条件时，利用数学上分离变量法得到的电磁场的解，周期结构的影响反映在 Floquet 模中。

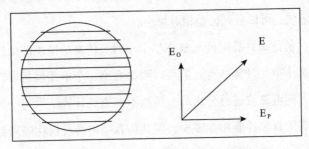

图 3.5　线极化波入射到极化隔离器模型

　　如图 3.5 所示，在这里假设一列电磁波 E 垂直入射到极化隔离器平面，其极化方向与金属线条成 45° 角。这样 E 等效于 E_0 和 E_P 两个线极化电磁波同时垂直入射到极化隔离器平面。对比图 2.17，极化方向与金属线垂直的电磁波为 E_0，可以看成 E_T，极化方向与金属线平行的电磁波为 E_P，可以看成 E_R。

　　根据对极化隔离器的原理介绍，为了方便计算，这里设金属条宽度为 a，周期为 D，且取 D = 2a。E_0 分量在平板波导中是以 E_{00}

模的模式传输的，E_P 分量在平板波导中以 H_{01} 模式传播。

H_{01} 模式传播的波长为：

$$\lambda_g = \frac{\lambda}{\sqrt{1-(\frac{\lambda}{2a})^2}}$$ （3-2）

假设极化隔离器为零厚度金属栅条结构，电导率近似为无限大，线栅周期为 D，间距为 a，将空间平面波分为 TE 波和 TM 波。

电场垂直于入射面，又称为垂直极化平面波，即 TE 波：

$$\vec{E}_{1m} = E_{1m}(-\sin\varphi_m, \cos\varphi_m, 0)e^{j(\beta_m^{\pm}\cdot r - \omega t)}$$ （3-3）

$$\vec{H}_{1m} = \frac{E_{1m}}{\mu_0 c}(\mp\cos\theta_m\cos\varphi_m, \mp\cos\theta_m\sin\varphi_m, \sin\theta_m)e^{j(\beta_m^{\pm}\cdot r - \omega t)}$$ （3-4）

磁场垂直于入射面，电场平行于入射面，又称为平行极化平面波，即 TM 波：

$$\vec{E}_{2m} = E_{2m}(\cos\theta_m\cos\varphi_m, \cos\theta_m\sin\varphi_m, \mp\sin\theta_m)e^{j(\beta_m^{\pm}\cdot r - \omega t)}$$ （3-5）

$$\vec{H}_{2m} = \frac{E_{2m}}{\mu_0 c}(\mp\sin\varphi_m, \pm\cos\varphi_m\sin\varphi_m, 0)e^{j(\beta_m^{\pm}\cdot r - \omega t)}$$ （3-6）

其中，波矢量 $\beta_m^{\pm} = k(\sin\theta_m\cos\varphi_m, \sin\theta_m\sin\varphi_m, \pm\cos\theta_m) = k$ (e_x, e_y, e_z)，空间传播常数 $k = \frac{2\pi}{\lambda}$，λ 是波长，ω 是角频率。

入射波电场：

$$\vec{E}_I = (E_1(-\sin\varphi_0, \cos\varphi_0, 0) + E_2(\cos\theta_0\cos\varphi_0, \cos\theta_0\sin\varphi_0, -\sin\theta_0))e^{j(\beta_m^{\pm}\cdot r - \omega t)}$$

（3-7）

对应的透射波电场：

$$\vec{E}_T = \sum_{m=-\infty}^{\infty} (T_{1m}(-\sin\varphi_m, \cos\varphi_m, 0) + T_{2m}(\cos\theta_m \cos\varphi_m, \cos\theta_m \sin\varphi_m,$$

$$-\sin\theta_m))e^{j(\beta_m^{\pm}\cdot r - \omega t)} \tag{3-8}$$

反射波 R1m，R2m，T1m，T2m 是待求的未知系数。

$$\vec{E}_R = \sum_{m=-\infty}^{\infty} (R_{1m}(-\sin\varphi_m, \cos\varphi_m, 0) + R_{2m}(\cos\theta_m \cos\varphi_m, \cos\theta_m \sin\varphi_m,$$

$$\sin\theta_m))e^{j(\beta_m^{\pm}\cdot r - \omega t)} \tag{3-9}$$

极化隔离器与空间分界面的电磁场分布满足边界条件：

（1）在间距：$E_{Ix} + E_{Rx} = E_{Tx}$ 和 $E_{Iy} + E_{Ry} = E_{Ty}$ （3-10a）

$$H_{Ix} + H_{Rx} = H_{Tx} \text{ 和 } H_{Iy} + H_{Ry} = H_{Ty} \tag{3-10b}$$

（2）在边壁：$E_{Ix} + E_{Rx} = 0, E_{Tx} = 0$ 和 $E_{Iy} + E_{Ry} = 0, E_{Ty} = 0$ （3-11a）

$$H_{Tx} - (H_{Ix} + H_{Rx}) = J_x \text{ 和 } H_{Ty} - (H_{Iy} + H_{Ry}) = J_y \tag{3-11b}$$

其中，J 是表面电流密度。

当 y = 0，z = 0，将公式（3-7）（3-8）（3-9）代入到式（3-10a）（3-11a）得到：

$$E_x = -E_1 \sin\varphi_0 \Phi_0 + E_2 \cos\theta_0 \cos\varphi_0 \Phi_0 + \sum_{m=-\infty}^{\infty} (-R_{1m}\sin\varphi_m \Phi_m + R_{2m}\cos\theta_m \cos\varphi_m \Phi_m)$$

$$= \sum_{m=-\infty}^{\infty} (-T_{1m}\sin\varphi_m \Phi_m + T_{2m}\cos\theta_m \cos\varphi_m \Phi_m)$$

$$\tag{3-12a}$$

$$E_y = E_1 \cos\varphi_0 \Phi_0 + E_2 \cos\theta_0 \sin\varphi_0 \Phi_0 + \sum_{m=-\infty}^{\infty} (R_{1m} \cos\varphi_m \Phi_m + R_{2m} \cos\theta_m \sin\varphi_m \Phi_m)$$

$$= \sum_{m=-\infty}^{\infty} (-T_{1m} \cos\varphi_m \Phi_m + T_{2m} \cos\theta_m \sin\varphi_m \Phi_m)$$

$$(3-12b)$$

$$\mu_0 c H_x = -E_1 \cos\theta_0 \cos\varphi_0 \Phi_0 - E_2 \sin\varphi_0 \Phi_0 + \sum_{m=-\infty}^{\infty} (R_{1m} \cos\theta_m \cos\varphi_m \Phi_m + R_{2m} \sin\varphi_m \Phi_m)$$

$$= \sum_{m=-\infty}^{\infty} (-T_{1m} \cos\theta_m \cos\varphi_m \Phi_m - T_{2m} \sin\varphi_m \Phi_m) \qquad (3-13a)$$

$$\mu_0 c H_y = -E_1 \cos\theta_0 \cos\varphi_0 \Phi_0 + E_2 \sin\varphi_0 \Phi_0 + \sum_{m=-\infty}^{\infty} (R_{1m} \cos\theta_m \sin\varphi_m \Phi_m - R_{2m} \cos\varphi_m \Phi_m)$$

$$= \sum_{m=-\infty}^{\infty} (-T_{1m} \cos\theta_m \sin\varphi_m \Phi_m + T_{2m} \cos\varphi_m \Phi_m)$$

$$(3-13b)$$

其中 $\Phi_m = \exp(j(\beta_{mx} x - \omega t))$。

散射场的波矢量满足三个条件：

（1）Floquet 定理：

$$\beta_{mx} = k \sin\theta_m \cos\varphi_m = k \sin\theta_0 \cos\varphi_0 + m\frac{2\pi}{D} \qquad (3-14a)$$

（2）　　　　$$\beta_{my} = k \sin\theta_m \sin\varphi_m = k \sin\theta_0 \sin\varphi_0 \qquad (3-14b)$$

（3）　　　　$$\beta_{mx}^2 + \beta_{my}^2 + \beta_{mz}^2 = k^2 \qquad (3-14c)$$

当 β_{mx} 是虚数的时候，电磁波呈衰减模式，没有实功率传输。

采用模匹配方法求未知系数 R_{1m}，R_{2m}，T_{1m}，T_{2m}。用 Φ_n^* 点乘式（3-12a）（3-12b），并且在极化隔离器的一个周期（$-D/2 \leqslant x \leqslant D/2$）内积分。令 $\int_{-\frac{D}{2}}^{\frac{D}{2}} \Phi_m \Phi_m^* dx = D\delta_{mn}$

$$T_{1n} = -\frac{1}{D}\int_{-\frac{D}{2}}^{\frac{D}{2}} E_x \Phi_n^* dx \sin\varphi_n + \frac{1}{D}\int_{-\frac{D}{2}}^{\frac{D}{2}} E_y \Phi_n^* dx \cos\varphi_n \quad (3\text{-}15a)$$

$$R_{1n} = T_{1n} - E_1 \delta_{0n} \quad (3\text{-}15b)$$

$$T_{2n} = \frac{\dfrac{1}{D}\int_{-\frac{D}{2}}^{\frac{D}{2}} E_x \Phi_n^* dx \cos\varphi_n + \dfrac{1}{D}\int_{-\frac{D}{2}}^{\frac{D}{2}} E_y \Phi_n^* dx \sin\varphi_n}{\cos\theta_n} \quad (3\text{-}16a)$$

$$R_{2n} = T_{2n} - E_2 \delta_{0n} \quad (3\text{-}16b)$$

在极化隔离器金属条的边壁，E_x 和 E_y 的电场强度为零。所以积分空间为 $-a/2 \leqslant x \leqslant a/2$

根据模匹配理论，在平板波导中 TEM 和 TM 波的电场分布 E_x 表达式为：

$$E_x = \sum_{p=0}^{\infty} A_p \psi_p \qquad \psi_p = \cos(p\frac{\pi}{a}x), p \text{ 为偶数} \quad \psi_p = \sin(p\frac{\pi}{a}x), p \text{ 为奇数} \quad (3\text{-}17a)$$

$p=0$ 时，E_x 的电场分布属于 TEM 波。

在平板波导中 TE 波的电场分布 E_y 的表达式为：

$$E_y = \sum_{p=1}^{\infty} A_p' \psi_p' \qquad \psi_p' = \sin(p\frac{\pi}{a}x), p \text{ 为偶数} \quad \psi_p' = \cos(p\frac{\pi}{a}x), p \text{ 为奇数} \quad (3\text{-}17b)$$

代入式（3-16a）和（3-16b）到（3-14a）和（3-15a）得到：

$$T_{1n} = -\sum_{p=0}^{\infty} A_p B_{pn} \sin\varphi_n + \sum_{p=1}^{\infty} A_p' B_{pn}' \cos\varphi_n \quad (3\text{-}18a)$$

$$T_{2n} = \frac{\displaystyle\sum_{p=0}^{\infty} A_p B_{pn} \cos\varphi_n + \sum_{p=1}^{\infty} A_p' B_{pn}' \sin\varphi_n}{\cos\theta_n} \quad (3\text{-}18b)$$

其中，$B_{pn} = \dfrac{1}{D}\displaystyle\int_{-\frac{a}{2}}^{\frac{a}{2}} \psi_p \Phi_n^* dx$　　$B_{pn}' = \dfrac{1}{D}\displaystyle\int_{-\frac{a}{2}}^{\frac{a}{2}} \psi_p' \Phi_n^* dx$

将式（3–15a）和（3–16a）用 T_{1m} 和 T_{2m} 表示，将（3–15b）和（3–16b）用 R_{1m} 和 R_{2m} 表示，然后把 T_{1m}，T_{2m}，R_{1m}，R_{2m} 代入公式（3–10a），等式两边同时点乘以 $\Psi_q{'}$，并在 $-a/2 \leq x \leq a/2$ 范围内积分。最后得到一组方程：

$$-E_1 \cos\theta_0 \cos\varphi_0 B_{q0}^{'*} - E_2 \sin\varphi_0 B_{q0}^{'*} =$$

$$\sum_{m=-\infty}^{\infty} \left[\begin{array}{l} \displaystyle\sum_{p=0}^{\infty} A_p B_{pm} B_{qm}^{'*} \sin\varphi_m \cos\varphi_m (\cos\theta_m - \dfrac{1}{\cos\theta_m}) - \\[2mm] \displaystyle\sum_{p=1}^{\infty} A_p' B_{pm}' B_{qm}^{'*} (\cos^2\varphi_m \cos\theta_m + \dfrac{\sin^2\varphi_m}{\cos\theta_m}) \end{array} \right] \quad\text{（3–19a）}$$

$$q = (1......\infty)$$

$$-E_1 \cos\theta_0 \cos\varphi_0 B_{q0}^* + E_2 \sin\varphi_0 B_{q0}^* =$$

$$\sum_{m=-\infty}^{\infty} \left[\begin{array}{l} \displaystyle\sum_{p=0}^{\infty} A_p B_{pm} B_{qm}^* \sin\varphi_m \cos\varphi_m (\cos^2\varphi_m \cos\theta_m + \dfrac{\sin^2\varphi_m}{\cos\theta_m}) - \\[2mm] \displaystyle\sum_{p=1}^{\infty} A_p' B_{pm}' B_{qm}^* (\cos\theta_m - \dfrac{1}{\cos\theta_m}) \end{array} \right]$$

$$q = (0......\infty)$$

$$\text{（3–19b）}$$

根据这两组方程可以求得其中的未知系数 A_p 和 $A_p{'}$。从而得到 T_{1m}，T_{2m}，R_{1m}，R_{2m} 的值。

传输功率的理论公式：

$$P_T = \frac{T_{10}^2 + T_{20}^2}{E_1^2 + E_2^2} \quad\text{（3–20a）}$$

反射功率的理论公式：

$$P_R = \frac{R_{10}^2 + R_{20}^2}{E_1^2 + E_2^2} \qquad (3\text{--}20\text{b})$$

入射波垂直于极化隔离器面入射。

相位常数:

$$\beta_{mx} = k\sin\theta_m\cos\varphi_m = m\frac{2\pi}{D} \qquad (3\text{--}21\text{a})$$

$$\beta_{my} = k\sin\theta_m\sin\varphi_m = 0 \qquad (3\text{--}21\text{b})$$

在完成理论推导的基础上,编制数值计算程序,计算并仿真得到了入射电场极化方向分别为 x, y(E_x 和 E_y)的时候,透射率和反射率与 D/λ 的关系曲线,如图 3.6、3.7 所示。

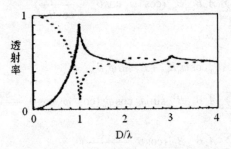

图 3.6　透射功率比值与 D/λ 的关系曲线

(虚线为 E_x 电场极化方向与金属条垂直,实线 E_y 电场极化方向与金属条平行)

由图 3.6 中曲线可以看出,在周期 D 远小于 λ 时,E_x 以很小的功率损失穿透极化隔离器,E_y 则完全不能透射极化隔离器。

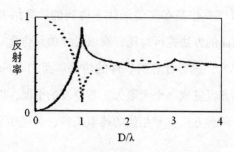

图 3.7 反射功率比值与 D/λ 的关系曲线

（虚线为 E_y 电场极化方向与金属条平行，实线为 E_x 电场极化方向与金属条垂直）

图 3.7 显示，在周期 D 远小于 λ 时，E_y 可以完全被极化隔离器反射，E_x 则可看作完全透射极化隔离器。由以上的分析结果可以看出，在周期 D 尺寸增大时，极化隔离器则完全不能正常工作，按照之前正交极化收发隔离网络中的极化隔离器内部结构尺寸，内部尺寸远小于波长，也正好符合此结果的要求。

通过分析图 3.6、3.7，进行特例计算，取金属条宽 5μm，周期 80μm，利用此方法得到的计算结果是：电磁波极化方向垂直金属条时，透射率为 0.99；电磁波极化平行金属条时，透射率为 0.002。可以说得到了比较完美的结果。

但此计算方案对极化隔离器的尺寸有特殊的要求，即金属栅条面需设定为无限大、零厚度平面，是一种非常理想的状态。当金属栅条面有一定厚度，并且尺寸不大时，得到的真实性能与上面的计算结果必然会有误差，这个误差的判断也是无法计算的。并且这里计算的模型是电磁波垂直入射到金属栅条平面，而实际系统要求是斜 45° 入射，对于实际工作性能的具体考察也是无法实现的。

此方法可以看作是在完美条件下得到的计算结果，只能当作参考值，与前面的方法进行对比。有限尺寸单元仿真是取极化隔离器一个微小单元，进行计算机软件的仿真。而 Floquet 模计算方法是把极化隔离器设置成一个无限大、零厚度的平面，以此计算透射率和反射率。两种方法有着相似的约束条件，对尺寸不能进行严格控制。

第三节　单元加成算法

通过研究上面两种计算方法，看到实现全尺寸金属线栅结构的仿真是很困难的，目前还没有比较完美的方法来对此种结构的电磁散射进行计算，下面便是本文主要提出的单元加成算法，填补了这一空白，可以方便地按实际尺寸进行计算，也可以验证极化隔离器大小对工作性能的影响。

在光学频段，光波的传播遵循最基本的费马原理和斯耐尔定律。在微波频段，电磁波的传播存在散射现象。而在 THz 频段，电磁波的传播可以说兼具两个方面的特性，基于惠更斯 – 菲涅耳原理推导出适用于本节极化隔离器的单元加成算法。下面首先介绍光学的基本原理，利用光学原理，说明单元加成算法。

一、费马原理

费马原理定义为：最小光程原理。光波在两点之间传递时，自动选取费时最少的路径。费马原理是几何光学中的一条重要原理，由此原理可证明光在均匀介质中传播时遵从的直线传播定律、反射和折射定律，以及傍轴条件下透镜的等光程性等。光的可逆性原理是几何光学中的一条普遍原理，该原理说，若光线在介质中沿某一路径传播，当光线反向时，必沿同一路径逆向传播。费马原理规定了光线传播的唯一可实现的路径，不论光线正向传播还是逆向传播，必沿同一路径。因而借助于费马原理可说明光的可逆性原理的正确性。光在任意介质中从一点传播到另一点时，沿所需时间最短的路径传播。

二、惠更斯-菲涅耳原理

上面的费马原理是几何光学的基础，而惠更斯 – 菲涅耳原理是更趋于电磁场的波动光学原理。惠更斯原理认为自点光源 S（图 3.8a）发出的波阵面 E 上的每一点均可视为一个新的振源，由它发出次级波；若光波在各向同性的均匀介质中以速度 v 传播，则波阵面 E 经过某一时间 t' 后的新波阵面就是在波阵面 E 上作出的半径为 vt' 的诸次级球面波的色络面 E'。

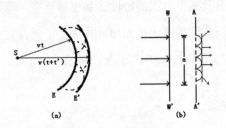

图 3.8　惠更斯原理

利用上述原理，可以预料光的衍射现象的存在：例如来考察一平面波 WW' 通过宽度为 a 的开孔 AA'（图 3.8b）的情况。开孔 AA' 限制平面波 WW' 只允许宽度为 a 的一段波阵面通过，开孔面上的每一点都可以视为新的振源，传出次级波；这些次级波的包络面在中间部分是平面，在边缘处是弯曲的，即在开孔的边缘处光不沿原光波的方向进行，因而可以预料在几何影内的光强度不为零，它表明有衍射现象。这是几何光学所不能描述的。

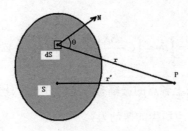

图 3.9　惠更斯 – 菲涅耳原理

　　然而，惠更斯原理却不能用来考察衍射现象的细节以及多种多样的衍射。换言之，惠更斯原理有助于确定光波的传播方向，而不能确定沿不同方向传播的振动的振幅。菲涅耳基于光的干涉原理，认为不同次级波之间可以产生干涉，给惠更斯原理做了补充，成为惠更斯 – 菲涅耳原理：波阵面 S（图 3.9）在与其相距 r' 的 P 上所产生的振动，取决于波阵面上所有面元 dS 在该点所生振动的总和。对于给定的面元 dS，它在 P 点所生的振幅正比于面元的面积 dS，反比于面元到 P 点的距离 r，并且与面元 dS 对 P 点的倾角有关；P 点的振动位相取决于面元 dS 的初位相和面元到 P 点的距离。于是面元 dS 在 P 点所生的振动可表示为：

$$dy \propto \frac{dSK(\theta)}{r} \sin 2\pi(\frac{t}{T} - \frac{r}{\lambda})$$

或

$$dy = C\frac{dSK(\theta)}{r} \sin 2\pi(\frac{t}{T} - \frac{r}{\lambda}) \qquad (3\text{--}22)$$

其中 K（θ）为随 θ 角增大而缓慢减小的函数，C 为比例常数。

将波阵面 S 上所有面元在 P 点的贡献加起来，即求得波阵面 S 在 P 点所生的振动：

$$y = \int_S dy = \int_S C \frac{dSK(\theta)}{r} \sin 2\pi (\frac{t}{T} - \frac{r}{\lambda}) dS \qquad （3-23）$$

如果波阵面上各点的振幅有一定的分布，且分布函数为 a（S_i），则波阵面 S 在 P 点所生的振动为：

$$y = \int_S dy = \int_S C \frac{a(S_i)dSK(\theta)}{r} \sin 2\pi (\frac{t}{T} - \frac{r}{\lambda}) dS \qquad （3-24）$$

一般来说，公式（3-23）和（3-24）是相当复杂的积分，但在波阵面对以通过 P 的波面法线为轴而有回转对称的情况下，这些积分是较简单的，并且可以用代数加法或矢量加法来代替计算。

三、单元加成算法

之前用的有限尺寸单元仿真方法只是简单的试探性的方法，虽然计算结果对比后面的实验结果相差不大，但依然要进行全尺寸的计算仿真，才能得到真实、精确的计算数据。首先 HFSS 是一款非常成熟的电磁计算软件，它的计算误差很小，但由于本节中的极化隔离器内部结构非常细小，为微米量级，要进行全尺寸的仿真是不现实的。如果只对一个微小单元进行仿真，通过上面的介绍，是可以实现的。在实际情况中，可以把金属栅条网划分为很多个单元进行计算，每个单元不是独立的，它会与临近的单元产生耦合效应，这也是在微波电磁场的计算中不可忽略的部分。本节考虑到 220GHz 的频段，属于 THz 频段，有着光波高指向性的一些性质，故利用惠更斯–菲涅耳原理推导出本文的计算方法。

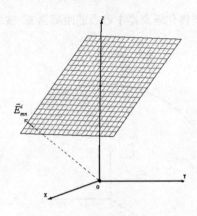

图 3.10　极化隔离器分割单元图

如图 3.10 所示，根据之前的分析，设定极化隔离器的具体尺寸为 100mm × 100mm，金属条宽 5μm，周期可以大于或等于金属条宽。依照之前有限尺寸单元计算方法的仿真经验，可以设定单元尺寸为 a × a，这样单元总数量就是 100/a 的平方。设定在坐标圆点 O 有一喇叭天线，为主波源，计算喇叭天线相对于每个单元中心点处所产生的电场矢量，方向为坐标圆点 O 到单元中心点方向，可以近似得到：

$$\vec{E}^i \approx \sum_{m=1}^{100/a} \sum_{n=1}^{100/a} \vec{E}_{mn}^i \tag{3-25}$$

m 代表 X 方向的单元数，n 代表 Y 方向的单元数，式（3-25）表示的每个单元中心处所产生的电场值就可以看成是由 O 点主波产生的次波源，由于 O 点主波源的发射方向为正 z 方向，单元上的电场和便可看成是喇叭天线的主要辐射能量，所以上面的约等式可以成立。

通过 HFSS 软件计算喇叭天线，就可以得到每个单元的次波源。坐标圆点 O，距离极化隔离器中心点的距离为 h，按之前的分析要求：h>>λ 。

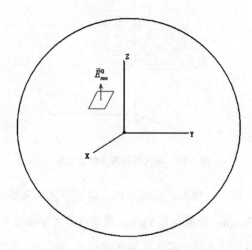

图 3.11　各个单元的计算示意图

然后，对每个单元进行 HFSS 的仿真（HFSS 是一款非常成熟的电磁场计算软件，它的误差非常小，因此他的计算结果是可信的），如图 3.11 所示，图中方块为图 3.10 中一个单元，设定激励位于单元中心点，并且为一单位电场：

$$\vec{E}_{mn}^0 = E_0 \cdot e^{j\varphi_0} \qquad (3-26)$$

此时 $E_0 = 1$，$\phi_0 = 0$，这样计算以坐标中心为圆点，半径 2000mm 的球面上的电场值。如图 3.11 中圆所示，并且每个单元的位置与图 3.10 中各个单元的位置相对应，这样就得到每个单元在球面上的电场：

$$\vec{E}_{mn}^{\theta\varphi} = \begin{bmatrix} \vec{E}_{mn}^{\theta_1\varphi_1} & \vec{E}_{mn}^{\theta_1\varphi_2} & \cdots \\ \vec{E}_{mn}^{\theta_2\varphi_1} & \vec{E}_{mn}^{\theta_2\varphi_2} & \cdots \\ \cdots & \cdots & \cdots \end{bmatrix}$$ （3-27）

式（3-27）只是一个单元的各方向电场值，θ 和 φ 便表示不同方向的角度，得到的电场值为一矩阵，而矩阵的单元数，便是由 θ 和 φ 的取值密度决定。当然此时的角度是以坐标圆点 O 为中心，而不是单元的中心点，如图 3.12 所示。

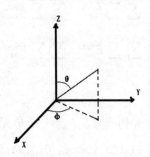

图 3.12　电场方向示意图

对于之前喇叭天线仿真得到的每个单元中心点上的电场值，此时就可以看作是每个单元的真实入射电场。这样就可以得到每个单元的真实空间电场值，也就是由每个次级源所得到的电场值：

$$\vec{E}_{mn} = \frac{\vec{E}_{mn}^{i} \cdot \vec{E}_{mn}^{\theta\varphi}}{\vec{E}_{mn}^{0}}$$ （3-28）

当然此时的电场值亦是一个角度的矩阵，与式（3-27）相同：

$$\vec{E}_{mn} = \begin{bmatrix} \vec{E}_{mn}(\theta_1,\varphi_1) & \vec{E}_{mn}(\theta_1,\varphi_2) & ... \\ \vec{E}_{mn}(\theta_2,\varphi_1) & \vec{E}_{mn}(\theta_2,\varphi_2) & ... \\ ... & ... & ... \end{bmatrix} \qquad (3-29)$$

最后把所有单元的电场值进行矢量相加，得到最后的总电场：

$$\vec{E} = \sum_{m=1}^{100/a} \sum_{n=1}^{100/a} \vec{E}_{mn} \qquad (3-30)$$

根据下面的式（3-31）便可得到每个单元（次级源）矢量和的总辐射电场值。

$$\vec{E}^{\theta\varphi} = \begin{bmatrix} \sum_{m=1}^{100/a} \sum_{n=1}^{100/a} \vec{E}_{mn}^{\theta_1\varphi_1} & \sum_{m=1}^{100/a} \sum_{n=1}^{100/a} \vec{E}_{mn}^{\theta_1\varphi_2} & ... \\ \sum_{m=1}^{100/a} \sum_{n=1}^{100/a} \vec{E}_{mn}^{\theta_2\varphi_1} & \sum_{m=1}^{100/a} \sum_{n=1}^{100/a} \vec{E}_{mn}^{\theta_2\varphi_2} & ... \\ ... & ... & ... \end{bmatrix} \qquad (3-31)$$

因为相对有限单元仿真方法，当一个单元的尺寸为 5mm×5mm 时，此方法要就计算 21×21 个单元，计算时间必然要上升很多，这时可以在读取电磁场结果时，简化的取大间隔 θ 和 φ，来节省时间，也不会影响到结果分析，并且把 HFSS 软件的误差取值稍微提高，也可缩短计算时间。

此方法是利用波动光学中的定理来计算，就是对每个单元进行计算然后加成。对比电磁计算方法，可以说是忽略了单元与单元间的电磁耦合效应，为了使单元间耦合对最后计算结果的影响尽量小，便需要将单元的尺寸 a×a 尽量设得大一些，但也要考虑到 HFSS 对于计算机硬件的要求。所以下面就要进行单元加成算法的误差分析，以便验证在目前计算机硬件的要求下，所能进行的单元尺寸仿真，是否能够带来比较好的计算精度。

四、单元加成算法的误差分析

为了验证此算法的精确性，这里采用了 $2\lambda \times 2\lambda$、$3\lambda \times 3\lambda$、$4\lambda \times 4\lambda$、$5\lambda \times 5\lambda$、$6\lambda \times 6\lambda$，$7\lambda \times 7\lambda$ 和 $8\lambda \times 8\lambda$ 七种单元尺寸进行仿真计算，然后对七种单元尺寸的计算结果进行比对。设计中金属线条与激励源极化方向相垂直时，波主要透射，平行时，主波被反射，极化隔离器的主要工作指标便是对电磁波的透射、反射、隔离度，所以比对的计算结果数据主要为透射损耗、反射损耗和隔离度。

见表 3.1，为不同尺寸单元的结构参数表，七种尺寸单元下，最小为 $2\lambda \times 2\lambda$，最大为 $8\lambda \times 8\lambda$，此时设定每个单元内的金属条宽 $5\mu m$，周期 $80\mu m$，取极化隔离器全尺寸为 $100mm \times 100mm$。从表中可以看出，随着单元尺寸的增加，每个单元中的金属条数在相应的增加，单元的总数在减少，这会使得编写后面的程序相对简单，但对计算机的硬件要求必然提高，对于个人计算机单元最大尺寸可以取到 $5\lambda \times 5\lambda$。利用高配置的服务器可以进行 $6\lambda \times 6\lambda$，$7\lambda \times 7\lambda$ 和 $8\lambda \times 8\lambda$ 三种较大尺寸单元的计算，这些计算结果主要应用在误差分析中。

表 3.1 不同尺寸单元的结构参数

单元尺寸	单元宽	每单元中栅条数	单元总数
$2\lambda \times 2\lambda$	2.5mm	33	41×41
$3\lambda \times 3\lambda$	3.75mm	49	27×27
$4\lambda \times 4\lambda$	5mm	65	21×21
$5\lambda \times 5\lambda$	6.25mm	81	16×16
$6\lambda \times 6\lambda$	7.5mm	97	13×13
$7\lambda \times 7\lambda$	8.75mm	113	11×11
$8\lambda \times 8\lambda$	10mm	129	10×10

要进行误差分析，需要将不同单元尺寸下得到的计算结果进行比对，类似于有限元方法，在有限元中是进行多次迭代计算，每次迭代会更细密地划分网格，因为网格划分越致密得到的结果越精确，对比此次迭代和上一次迭代计算结果，便可得出误差值。单元加成算法中，随着单元的尺寸增加，必然会得到更精确的计算结果，这里选取不同尺寸的单元，相当于进行多次迭代计算，而误差也是以大一号尺寸单元计算结果为标准值，与小一号尺寸单元计算结果进行比对得到的。

见表 3.2，表示不同尺寸单元仿真计算结果对比值，即误差。在隔离度方面，因为极化隔离器放置的方向原因，在接收机方向上是不太可能有大的辐射能量，故几种尺寸单元的对比相差很小。在透射传输损耗和反射传输损耗两项上，2λ、3λ 和 4λ 几种尺寸单元的计算结果差距比较大，而 4λ 和 5λ 两种尺寸单元的结果相差都在 10% 内，可以说 $5\lambda \times 5\lambda$ 单元尺寸的仿真计算结果误差小于 10%，是可信的，可以满足工程设计要求。随着单元尺寸的增加，从 4λ 尺寸单元开始计算结果趋于稳定（损耗值很小在零点几 dB 上下浮动，隔离度值则在很小的程度上增加），5λ、6λ、7λ 和 8λ 单元的计算结果差很小，可见 5λ×5λ 单元尺寸的计算结果是可信的。

表 3.2 单元加成算法得到的极化隔离器各性能参数对比表

对比单元	透射传输损耗	反射传输损耗	隔离度
2λ 和 3λ	26.1%	70.4%	1.11%
3λ 和 4λ	20.4%	87.3%	0.72%
4λ 和 5λ	5.5%	9.3%	2.6%
5λ 和 6λ	7.0%	8.9%	2.2%
6λ 和 7λ	4.5%	9.0%	3.0%
7λ 和 8λ	4.0%	10%	0.08%

选定了单元尺寸，设置极化隔离器位于高 h=138mm 处，得到图 3.13—3.15，分别表示不同尺寸单元下，单元加成算法得到的透射传输损耗曲线、反射传输损耗曲线和隔离度曲线。

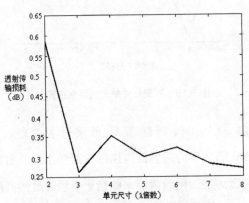

图 3.13 不同尺寸单元的透射传输损耗图

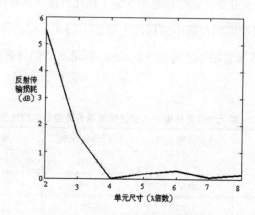

图 3.14 不同尺寸单元的反射传输损耗图

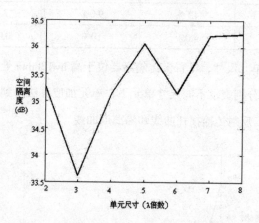

图 3.15 不同尺寸单元的隔离度图

如图 3.13—3.15，得到随着单元尺寸从 $2\lambda \times 2\lambda$ 增加到 $8\lambda \times 8\lambda$，极化隔离器的透射传输损耗逐渐变小，反射传输损耗逐渐变小，隔离度增加，但数值越来越趋于平稳。虽然高配置的服务器可以进行较大单元尺寸的计算，但能够计算的单元尺寸依然有限。

通过上面的分析，从 $5\lambda \times 5\lambda$ 单元尺寸开始，计算结果已经趋于稳定，故利用个人计算机得到的 $5\lambda \times 5\lambda$ 单元尺寸的结果是可信，完全可以满足工程设计需要。下面是各个单元计算时间对比，因为是利用高配置服务器进行的大尺寸单元计算，所以这里只对比个人计算机所进行的 $5\lambda \times 5\lambda$ 以下单元尺寸计算时间的对比。

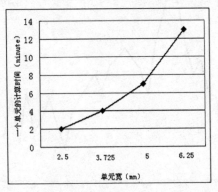

图 3.16　不同尺寸单元，一个单元的计算时间

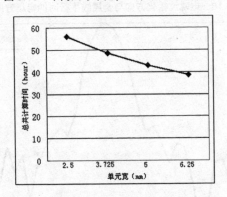

图 3.17　不同尺寸单元进行仿真计算的总时间

图 3.16 和图 3.17 为不同尺寸单元的计算时间。对比表 3.1，虽然单元尺寸在增加，但全尺寸极化隔离器的单元总数量是成指数减小的。

随着单元尺寸增加，一个单元的仿真计算时间（如图 3.16）必然上升。但由于计算单元数量的减少，总的仿真计算时间（如图 3.17）在大幅减少。通过以上分析，如利用个人计算机，取单元尺寸为 $5\lambda \times 5\lambda$，是比较合适的选择，计算精度满足工程设计要求，计算效率较高。

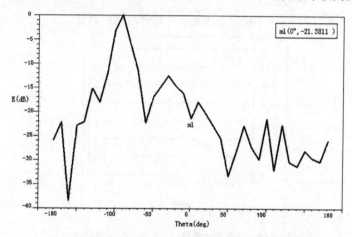

图 3.18　电磁波极化方向与金属线平行时的电场方向图

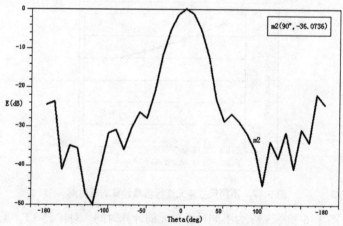

图 3.19　电磁波极化方向与金属线垂直时的电场方向图

图 3.18 和图 3.19 为利用单元加成算法计算得到的全尺寸极化隔离器仿真结果图。此次计算的模型是：金属条宽 $5\mu m$，周期 $80\mu m$；极化隔离器尺寸为 100mm×100mm，单元尺寸为 $5\lambda \times 5\lambda$，16×16 个单元；HFSS 软件设置误差为 0.05。

从图 3.1、图 3.19 中，可以明显看出电磁波的透射和反射的趋势。其他单元尺寸的计算结果图并没有画出，因其曲线图并没有大的不同，只是在图 3.18 中 m1 的数值相差较大，单元尺寸 $2\lambda \times 2\lambda$ 时的 m1 点数值高于主传播方向（Theta=0°）的数值，随着单元尺寸的增加，其值才趋于稳定。

对比有限尺寸单元仿真方法得到的结果，电磁波极化方向与金属线平行时，对比图 3.18 和图 3.4，m1 点的数值降低了至少 5dB，在反射传输损耗上，单元加成算法得到的结果更好，通过分析对比后面的实验，可以看出单元加成算法的结果更符合真实值。电磁波极化方向与金属线垂直时，对比图 3.19 和图 3.3，图 3.3 中的 m1 点方向在图 3.19 中没有标出，因为其数值非常小，表示电磁波在此方向上的能量损耗很小，m2 点代表隔离度，两图的数值结果相差不大，在主方向上的透射传输损耗，单元加成算法得出的结果也是优于有限尺寸单元仿真的结果，与后面的实验数据更为吻合。可见单元加成算法可以满足工程设计要求，得到的结果也是可信的。

第四节　小结

在本章前面所提出的两种计算方法，有着方便快捷的优点，但都有一定的不足，可以通过对比两种方法的计算结果，用以实现对真实结果的推断。本章后面提出的单元加成算法，是由电磁场散射原理和波动光学原理结合而成的方案，此方法的可行性和简便性也是非常明显的，可以计算全尺寸极化隔离器，在误差分析中，验证了 $5\lambda \times 5\lambda$ 单元下的计算结果是可以满足工程设计要求的，方便以后对极化隔离器进行优化设计，在加工制造中少走弯路。

参考文献

[1] Robert W. McMillan, Senior Member, ZEEE, C. Ward Trussell, Jr., Ronald A. Bohlander, J. Clark Butterworth, and Ronald E. Forsythe, "An Experimental 225 GHz Pulsed Coherent Radar," IEEE TRANSACTIONS ON MICROWAVE THEORY AND TECHNIQUES, VOL. 39, NO. 3, MARCH 1991.

[2] ROBERT E. MCI" KISH, FELLOW, IEEE, RAM M. NARAYANAN, STUDENT MEMBERIE, EE, JAMES B. EAD, STUDENT MEMBER, IEEE, AND DANIEL H. SCHAUBERT, SENIOR MEMBER, IEEE, "Design and Performance of a 215 GHz Pulsed Radar System," IEEE TRANSACTIONS ON MICROWAVE THEORY AND TECHNIQUES, VOL. 36, NO. 6, JUNE 1988.

[3] V. I. Bezborodov, A. A. Kostenko, G. I. Khlopov, and M. S. Yanovski, "QUASI-OPTICAL ANTENNA DUPLEXERS," International Journal of Infrared and Millimeter Waves, Vol. 18, No. 7, 1997.

[4] 徐善驾, 张跃江. 栅条型圆极化器性能的分析. 电子学报. vol.24, 1996, 03.

[5] 杨恩源. 微波光栅圆极化器研究. 电子科技大学硕士学位论文.

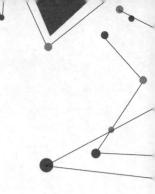

第四章

220GHz 极化隔离器的设计

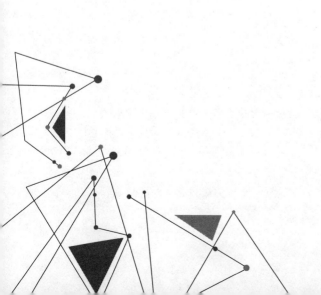

　　第二章中，根据文献 [1] 中提出的准光学收发隔离网络，设计了一套新型的收发隔离网络，原理类似，但对两个关键器件极化隔离器和极化变换器采用了新的设计方案。本章主要研究的就是其中一个关键器件——极化隔离器，此器件用以分离正交极化的电磁波。由于 220GHz 的电磁波在某些方面已经显示出 THz 波的特点，并且大部分成熟的材料在此频段下的电性能并未被研究过，所以本章就可以用作极化隔离器基底的不同材料进行研究，对比研究不同基底材料极化隔离器的性能，来确定基底材料，之后在结构尺寸方面进行进一步的优化设计，以便达到传输损耗小、隔离度高、适用频带宽的要求。

第一节　极化隔离器的工作原理

　　极化隔离器是收发隔离网络中的一个关键部件，有着不可替代的作用。对其进行研究，有着极其重要的意义。在第二章中，已经详细介绍了极化隔离器的工作原理，这里为方便下面的设计研究，重新给出其工作原理示意图，如图 4.1 所示。

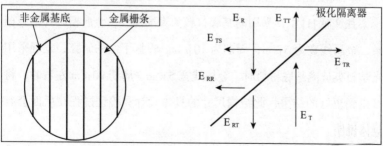

图 4.1　极化隔离器结构及工作原理示意图

第二节　极化隔离器基底材料和参数优化设计

依据调研，现有可能用作极化隔离器的基底材料有高阻硅、石英玻璃、红外石英玻璃、聚四氟乙烯和聚酯薄膜五种，石英玻璃和红外石英玻璃的电参数目前非常接近，故当作一种材料进行分析，但是具体用于 THz 频段是否会有较大差别，在以后的实验中会给出结果。高阻硅的电参数是从某高阻硅导体上测得，因为目前还没有高阻硅材料本身的电参数测量数据，故这里只能假设其参数是这样，真实效果也要在实验中才能体现。四种材料的电磁特性参数如下：

1. 聚四氟乙烯：介电常数：$1.8 \sim 2.2$，介质损耗角正切：2.5×10^{-4}。

2. 聚酯薄膜：介电常数：4.7，介质损耗角正切：2.44×10^{-8}。

3. 红外石英玻璃：介电常数：$3.7 \sim 3.9$，介质损耗角正切：0.0001。

4. 高阻硅：介电常数：11.9，电阻率：$4000\Omega \cdot cm$。

在文献 [1] 中，采用的基底材料为聚酯薄膜，金属栅条为铝线栅条，金属线宽为 $5\mu m$，周期为 $10\mu m$。根据下面的研究，发现采用光学石英玻璃基底材料时，金属线宽 $5\mu m$、周期 $90\mu m$ 左右时，将可得到更好的结果，此结构尺寸的具体设计和验证过程在后面会有具体说明。

利用上一章提到的计算仿真方法对不同基底材料进行计算，在参考文献中给定尺寸的基础上，将金属线宽和周期作为优化参数并在一定尺寸范围内进行扫描，综合考虑透射损耗、反射损耗和极化隔离度各项指标的优劣，进行优化设计。

一、聚四氟乙烯基底材料

在以聚四氟乙烯为基底材料的前提下，先设定金属线栅条周期为一定值：$50\mu m$，考察金属线栅条宽度分别为 $5\mu m$、$10\mu m$、$15\mu m$、$20\mu m$ 时极化隔离器的电磁场散射性能变化规律，仿真结果如图 4.2—4.5 所示。

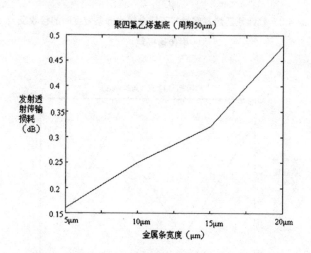

图 4.2　聚四氟乙烯基底材料不同金属线栅条宽度时的发射透射传输损耗

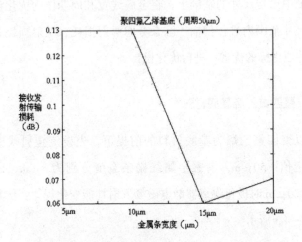

图 4.3 聚四氟乙烯基底材料不同金属线栅条宽度时的接收反

射传输损耗

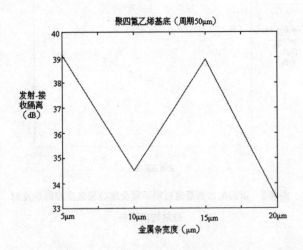

图 4.4 聚四氟乙烯基底材料不同金属线栅条宽度时的发射 – 接收隔离度

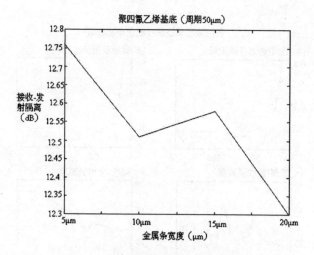

图 4.5　聚四氟乙烯基底材料不同金属线栅条宽度时的接
收－发射隔离度

可以看到，图 4.2 曲线为发射波通过栅条的传输损耗，随着金属线栅条的增加而增加，虽然图 4.3 中曲线接收波通过栅条的传输损耗在减小，但是相对于发射传输损耗来说减小量较小，而图 4.4、4.5 中曲线显示金属线栅条宽度变化对总体的影响不大，所以可以确定金属线栅条 5μm 时性能最好。从图 4.3 中可以看到，此结构的极化隔离器基本可以保证隔离度在 35dB 以上。

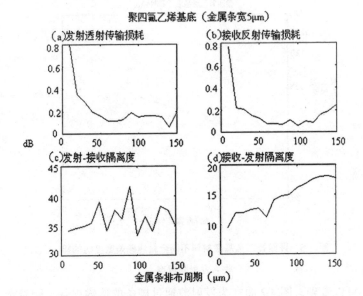

图 4.6 聚四氟乙烯基底材料不同金属线栅条周期时极化隔离器仿真结果

此时把金属线栅条宽度设定为 5μm，考察金属线栅条周期从 10μm 到 150μm 变化时极化隔离器的电性能变化规律，此时金属线栅条周期增加步长为 10μm，仿真结果如图 4.6 所示，从 a 曲线可以看出随着周期的增加，发射波通过栅条的传输损耗在减小。b 曲线显示接收波通过栅条的传输损耗变化不大。c 曲线显示出不同周期情况下发射回路与接收回路之间均具有较高的隔离度，并且在 90μm 时超过 40dB。d 曲线显示接收回路与发射回路的隔离度随着周期增加而增大，但到间距 130μm 后隔离效果开始缓慢下降。从以上的数据可以看出，周期值在 40μm 到 100μm 时结果最好。

二、聚酯薄膜基底材料

文献 [1] 中，极化隔离器是在聚酯薄膜的基底上加工多个金属（铝线）栅条。金属条为等宽，并且金属条之间的距离和金属条宽度一样。栅格可以通过与光阻材料真空连接的面具和有铝涂层的聚酯薄膜基底印制而成。

聚酯 Polyethylene terephthalate（PET）属于高分子化合物，是由对苯二甲酸（PTA）和乙二醇（EG）经过缩聚产生聚对苯二甲酸乙二醇酯（PET），其中的部分 PET 再通过水下切粒而最终生成。聚酯薄膜基底为 0.05mm 厚，极化隔离器金属栅条面与 XY 平面成 45°角。因为上面对聚四氟乙烯基底时极化隔离器的参数进行了优化分析，且聚酯薄膜和聚四氟乙烯在材料特性上比较相近。故这里取栅条为周期 $100\,\mu m$，金属条宽 $5\,\mu m$。

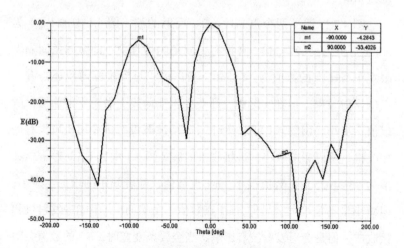

图 4.7　垂直极化时的电场归一化图

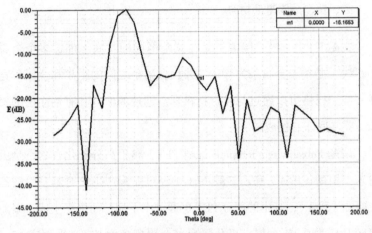

图 4.8　平行极化时的电场归一化图

图 4.7、图 4.8，是在金属条宽 5μm，间距宽为 95μm 的情况下，所得的仿真图，下面两图的纵坐标都为平行极化的电场值，单位为 dB。

图 4.7 标注了两个点 m1、m2。反射的波（图 4.1 中的 E_{TR}）为 m1 点，值为 –4.2843dB，在没有金属条的仿真中（即金属条间隔无限宽），m1 点的数值为 –4.35dB，所以可以见到聚酯薄膜还是有一点的反射效果。但在实际中，还要在聚酯薄膜上做防反射涂层，所以值会更小。由图 4.1 可以看到，m1 的波既没有进发射机也没有进接收机，所以影响较小。进接收机的波（图 4.1 中的 E_{TS}）为 m2 点，值为 –33.4025dB，数值很小。m1 点数值，随着间距的增加会减小，但减小量不是很大。另外，m1 点数值，虽然 m1 点不能进发射机和接收机，但是会对发射波有影响，当金属条变宽时，m1 的数值会明显上升，到 20μm 宽时，m1 点为 –3.3dB，所以金属条要尽量细。

图 4.8 上 m1 点（图 4.1 中 E_{RT}）值为 –16.1653dB，为进发射机的电磁波，可以看出隔离效果。看到 m1 点左侧的波瓣（0° 左侧），是在间距不断加大的同时产生的，间距越大波瓣越靠近 0°，并且数值越大，为了将波瓣的影响降低，没有采用过宽的间距，所以上面采用的是 95μm 的间距宽度。

图中所示全部为主极化波数据（即平行极化），经过仿真数据对比，交叉极化波数值很小，和平行极化波最少相差 20dB 以上，不足以影响主极化的电磁波。

三、红外石英玻璃基底材料

下面进行红外石英玻璃基底材料的仿真实验，在对前面计算分析基础上，这里只进行了发射传输回路损耗的仿真数据采集。设定与前面相同：5μm 金属条宽，周期 10μm ～ 150μm，得到下面仿真图。

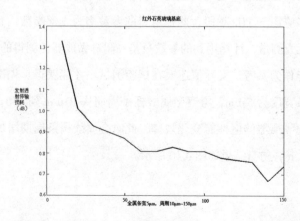

图 4.9　金属条宽 5μm，周期 10μm ～ 150μm 的仿真图

从图 4.9 的曲线中可以明显看出，周期的增加可以很好地降低发射回路的传输损耗，在 $60\mu m \sim 100\mu m$ 时，趋于平稳。从曲线的后面虽然可以看出损耗还在减小，但综合前面的仿真数据，可以确定周期在 $60\mu m \sim 100\mu m$ 之间选取最为合适。

普通石英玻璃电参数为：介电常数：3.7，介质损耗角正切：0.0003。

从电参数上红外石英玻璃和普通石英玻璃区别不大，但石英玻璃现在主要分三类：紫外石英玻璃、普通石英玻璃、红外石英玻璃，其中以红外石英玻璃价格最高。在光学频段，紫外石英玻璃相对于普通石英玻璃对紫外线有更好的透射率，红外石英玻璃对波长更长的红外线的透射率也高于普通石英玻璃。但在波长更长的 THz 频段，还没有研究结果。

四、高阻硅基底材料

最后对高阻硅基底材料进行分析，高阻硅是近年来比较热的材料，也多应用于 THz 频段，此种材料的参数多为光学参数，其电参数更是无人测量，计算用到的参数只是高阻硅做成器件测得的数值，目前只能作为参考，实际值还要在试验测试中才能获得。先设定金属线栅条宽度为 $5\mu m$，考察金属线栅条周期从 $10\mu m$ 到 $150\mu m$ 变化时极化隔离器的电性能变化规律，此时金属线栅条周期增加步长为以 $10\mu m$，仿真结果如图 4.10 所示。

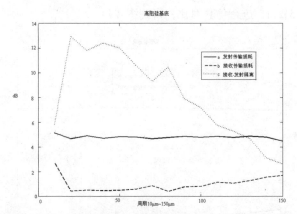

图4.10 高阻硅基底材料不同金属线栅条周期时（金属条宽5μm）极化隔离器仿真结果

如图4.10所示，由c曲线可以明显看出周期过大时，接收回路的隔离效果很差，所以周期控制在100μm以下。从a和b曲线可以看出不同周期时差距不大，但周期超过100μm时，接收回路的损耗明显增大，故40μm～100μm周期，结果可以接受。对比a和b曲线，可以看到发射传输损耗非常大，因为从仿真模型可以看到，发射回路电磁波要穿透高阻硅基底，而接收回路电磁波直接被金属栅条反射，从此可以看出高阻硅的损耗还是相当大的。c曲线显示的是接收回路的隔离度，可以说不是非常重要的数据值，这里只是画出曲线，不多做研究。发射回路的隔离度则是极化隔离器的一个重要指标，由于高阻硅材料对电磁波的高损耗，隔离度也只能在30dB左右，并且随周期的变化上下浮动不大。

在聚四氟乙烯基底的极化隔离器仿真的基础上，继续研究以高阻硅基底情况下的金属条宽度，设定周期为80μm，金属条宽

1μm～5μm，进行仿真对比，得到图 4.11。

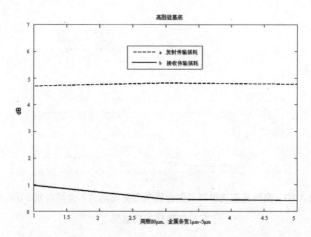

图 4.11　周期 80μm，金属条宽 1μm～5μm 的仿真图

如图 4.11 所示，金属条宽在 1μm～5μm 之间变化时，无论是发射传输损耗还是接收传输损耗都没有明显变化，故认为可以继续之前的结论，金属条宽选取 5μm。按照加工工艺水平，金属线栅条宽度精度是 ±1μm，考察金属线栅条宽度 1μm～5μm 变化没有实际意义，这也是为什么以前选择金属线栅条宽度变化步长为 5μm 的原因。对图 4.11 中 a、b 曲线分析，因为发射传输需要穿透的高阻硅材料，而接受传输只是被反射，所以发射透射损耗要比接收反射损耗大得多。通过对比之前几种材料，可以得到 0.3mm 厚的高阻硅对电磁波的损耗还是比较大的，大概在 4dB 左右。

第三节　小结

　　本章应用第三章中的计算仿真方法，研究了几种常见的基底材料在 220GHz 电磁波下的性能，在此基础上，也对极化隔离器的内部结构尺寸进行了优化设计，利用分别计算不同金属条宽、不同周期下的极化隔离器性能进行对比，最终得到最优方案。从对不同材料的仿真计算结果看，已经显现出不同材料的特性，相对来说聚四氟乙烯、聚酯薄膜还是损耗比较小的，但要做成 100mm 直径、0.3mm 厚的圆片，聚四氟乙烯和聚酯薄膜质地比较软，没有另外两种材料质地坚硬，并且不耐高温，加工比较困难。高阻硅是最近比较热门的材料，经常用在 THz 频段，并有比较好的表现，但其电参数实在难以获得，本章中找到的参数只是相对值，所以计算结果的相对损耗比较大，具体的真实值，还要在以后的实验中获得，目前，高阻硅的价格十分昂贵。红外石英玻璃在电参数上看，与普通石英玻璃相差不大，但在光学中，可以更好地透射波长更长的红外线，目前对其的研究也只限于光学频段，具体在 THz 频段的应用效果也要在实验中验证。因为对于不同基底材料，它们对性能的影响大部分体现在透射和反射损耗上，这里主要选取易加工、损耗小的材料即可，故并没有对每种基底材料极化隔离器的内部尺寸进行详细的优化。对于极化隔离器的内部尺寸，通过本章计算数据，可以得到金属栅条宽 $5\mu m$ 时效果最佳，周期在 $60\mu m \sim 100\mu m$，极化隔离器的性能都可以满足系统的要求。

参考文献

[1]   Robert W. McMillan, Senior Member, ZEEE, C. Ward Trussell, Jr. Ronald, A. Bohlander, J. Clark Butterworth, and Ronald E. Forsythe. "An Experimental 225 GHz Pulsed Coherent Radar". IEEE TRANSACTIONS ON MICROWAVE THEORY AND TECHNIQUES, VOL. 39, NO. 3, MARCH 1991.

[2]   王学田, 陈劫尘, 房丽丽. 220GHz 收发隔离网络设计. 电波科学学报增刊, 2009, 04.

[3]   Chen Jiechen, Wang Xuetian, Fang Lili. Quasi-Optical 225GHz Polarization Converter[C]. Proceedings of SPIE – The International Society for Optical Engineering, v 7385, p 738518, 2009, International Symposium on Photoelectronic Detection and Imaging 2009 – Terahertz and High Energy Radiation Detection Technologies and Applications.

[4]   Chen Jiechen, Wang Xuetian, Huang Hanchen. The Effect of Polarizing Beam Splitter in 225GHz[C]. IET International Radar Conference 2009, p 4 pp., 2009.

[5]   Jiechen Chen, Xuetian Wang, Yinqiao Li. Quasi-Optical Duplexer in 220GHz[C]. International Conference on Microwave and Millimeter(ICMMT)2010.

[6]   陈劫尘, 王学田. 不同基底材料的 220GHz 极化隔离器特性研究.《微波学报》, 2010, 08, 15.

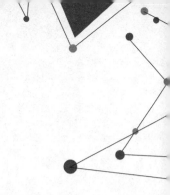

第五章

220GHz 极化变换器的设计

通过以上的介绍，已经了解了极化隔离器的性能，本章将主要分析收发隔离网络中的另外一个主要器件——极化变换器。极化变换器的作用是线极化电磁波与圆极化电磁波的双向转换。目前在 220GHz 频段，只找到各向异性的蓝宝石和采用金属栅条样式结构两种方案可以作为极化变换器。前面已经说过用蓝宝石实现是比较困难的，这里会详细分析说明。对于新型的极化变换器，本章会对其进行仿真计算，通过与上一章相似的优化设计，得到极化变换器的具体尺寸和性能指标，找到相对易实现、损耗低、圆极化率好的方案。根据工作原理，金属栅条结构的极化变换器通过调整内部尺寸，将可以适应不同频段。

第一节　220GHz极化变换器实现方案

一、各向异性材料实现方案

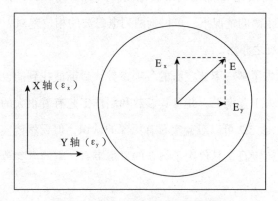

图 5.1　蓝宝石内部介电常数示意图

在 225GHz 脉冲相干雷达中，线极化电磁波和圆极化电磁波的双向转化是利用蓝宝石的双折射率来实现的，但此种方法为光学方法，单向的转变过程必然会有一半以上的功率损耗，并且电磁波不像光波，聚集效果并不好，此种实现方案并不理想。考虑到蓝宝石为各向异性材料，即蓝宝石内部 X 轴、Y 轴、Z 轴方向的介电常数数值不同，所以假设电磁波以 Z 轴方向射入蓝宝石，极化方向分别为 X 轴和 Y 轴方向，因为 X 轴和 Y 轴方向的介电常数差，会使 X 轴极化方向电磁波和 Y 轴极化方向电磁波在蓝宝石中传播而产生 90° 的相位差，从而辐射出蓝宝石的电磁波即为圆极化波，反之亦然。

如图 5.1 所示，图上圆形为一蓝宝石圆片，图中的 X 轴和 Y 轴方向的介电常数分别为：ε_x 和 ε_y，并且有：$\varepsilon_x \neq \varepsilon_y$，所以当有一线极化波 E 沿 Z 轴入射到蓝宝石内，电场极化方向在 XY 平面内，与 X 轴和 Y 轴成 45° 角，此时的线极化波可看作 X 轴方向极化 E_x 和 Y 轴方向极化 E_y 的两列线极化波。因为 $\varepsilon_x \neq \varepsilon_y$，在蓝宝石内传播一定距离的情况下，可得到两列电磁波的相位差 90°，形成圆极化波，反之亦然。

下面先了解一下蓝宝石的各项参数，目前能找到的也是一些厂家生产的人工蓝宝石，并且其参数和制作工艺有着很大的关系。通过表 5.1、表 5.2 可以对蓝宝石有更深的认识，但天然蓝宝石及其稀少，天然蓝宝石又是仅次于钻石的贵重宝石，它的电参数目前还无法获得。

表 5.1　蓝宝石的基本规格

尺寸：	10x3，10x5，10x10，15x15，，20x15，20x20，
	$\Phi 15, \Phi 20$，$\Phi 1''$，$\Phi 2''$ 等
厚度：	0.5mm，1.0mm
表面抛光：	单面或双面
晶面定向精度：	± 0.5°
边缘定向精度：	2°（特殊要求可达 1° 以内）
斜切晶片：	可按特定需求，加工边缘取向的晶面按特定角度倾斜（倾斜角 1°~45°）的晶片
Ra:	≤ 5Å（5μm × 5μm）

　　蓝宝石（Sapphire，又称白宝石，分子式为 Al_2O_3）单晶是一种优秀的多功能材料。它耐高温，导热好，硬度高，透红外，化学稳定性好，广泛用于工业、国防和科研的多个领域（如耐高温红外窗口等）。同时它也是一种用途广泛的单晶基片材料，是当前蓝、紫、白光发光二极管（LED）和蓝光激光器（LD）工业的首选基片（需首先在蓝宝石基片上外延氮化镓薄膜），也是重要的超导薄膜基片。除了可制作 Y– 系、La– 系等高温超导薄膜外，还可用于生长新型实用 MgB_2（二硼化镁）超导薄膜（通常单晶基片在 MgB_2 薄膜的制作过程中会受到化学腐蚀）。

表 5.2　蓝宝石的晶体参数

晶系	六方晶系
晶格常数	a=4.748　c=12.97
熔点（℃）	2040
密度（g/cm³）	3.98

晶系	六方晶系	
比热（cal/g℃）	0.181	
莫氏硬度	9	
热膨胀系数（/℃）	5.8×10^{-6}	
介电常数	13.2（⊥ c 方向）11.4（∥ c 方向）	
热导率（卡/度厘米秒）	⊥ c	∥ c
	23℃ 0.055	26℃ 0.060
	77℃ 0.040	70℃ 0.041
特点	适于制作 GaN 及 MgB_2 薄膜	
切向	<10-10>　　<1-102> <11-20>　　<0001>　等	

　　蓝宝石晶体加工为直径 177.8mm、厚 4.89mm 的板。此厚度是第五次序的 1/4 波长板。下面对天线上面加蓝宝石透镜进行仿真，如果按要求的直径和厚度进行仿真，因为相对于波长来说仿真尺寸过大，HFSS 无法仿真，所以先采用 1/4 厚度 1.2225mm 进行仿真，蓝宝石板直径为 3.4mm，距离天线口 1mm，（因为考察的为主传播方向的转换效果，所以可以取较小的直径）设置电磁波极化方向为 X 轴 Y 轴之间 45° 方向，蓝宝石 X 轴、Y 轴、Z 轴的介电常数分别为 13.2、11.4、10，模型如图 5.2 所示：

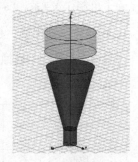

　　继续采用前面的天线，只是把电磁波的极化方向设为 X 轴偏 Y 轴 45°，即如图 5.1 所示。首先要了解没有蓝宝石时，纯线极化波的轴比图，这样方便对比了加了蓝宝石之后

图 5.2　天线前端加上
1/4 厚度蓝宝石板

的极化波分析，结果如图 5.3 所示：

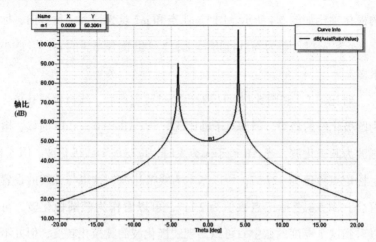

图 5.3　线极化波的极化比例图

图 5.3 所示为天线线极化波时的轴比数据图，天线最大辐射方向，标记 m1 点数值为 50.3061dB = 327.57。

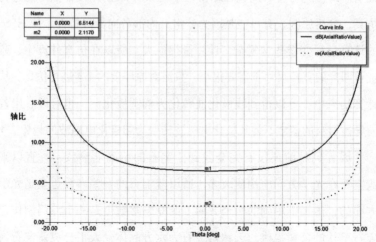

图 5.4　过蓝宝石后的电磁波的极化比例图

接下来，在天线前加上蓝宝石，线极化波透射蓝宝石透镜所得的极化轴比如图 5.4 所示。图上 m1 点和 m2 点为最大辐射方向，标记 m1 和 m2 数值为 6.5144dB = 2.117，相比图 5.3 的 m1 点要小很多。

对比图 5.3 和图 5.4，可以看出经过蓝宝石后，线极化波有转化为圆极化波的趋势。因为对于轴比 AR，当 AR = 0 = 1dB 时候，电磁波为圆极化波，当 AR 趋于无穷大时，电磁波为线极化波。图 5.3 上标记点数值为 327.57，所以基本为线极化波，这也与天线的设置符合。图 5.4 上标记点数值为 2.117，可以看作为椭圆极化波，可以看到这个厚度的蓝宝石可以实现线极化波的圆极化转变，但并不完全。

采用 HFSS 进行仿真，用线极化波通过蓝宝石，来看它的远场辐射。即便把蓝宝石的直径缩得再小，4.89mm 的厚度依然不能进行仿真，分析原因，有可能是因为蓝宝石内部各向异性特性，使 HFSS 的计算过程变得非常复杂，计算量很庞大。所以在仿真计算中，蓝宝石圆片的直径尺寸不需要很小，只需对原厚度的 1/4 进行仿真，从计算结果中，可以得到线极化波转化为椭圆极化波，也可以看出各向异性材料的蓝宝石使线极化电磁波转变为圆极化电磁波的趋势。

因为到目前还没有完全找到蓝宝石的精确电参数，一直以来蓝宝石在光学方面应用比较多，所以蓝宝石的一些参数也全是光学方面的，仿真中用到的两个方向上的介电常数也是一个专门制作蓝宝石窗片的公司提供。天然蓝宝石为六方晶体，人工合成蓝宝石为三方晶体，性质上会有所不同，并且不同厂家生产的人工蓝宝石会

有不同的参数，很不好确定其合适的厚度。目前蓝宝石应用于电磁
场领域还是很少见的，所以它的电参数也没有具体测量值，用这种
方法实现极化变换器虽然理论上可行，但应用在实际中还是比较困
难的。

二、带金属底板的金属栅条板方案

此极化变换器在第二章中已经介绍，这里会进行更详细的说明，
其原理依然是准光学方法，与上一章的极化隔离器类似。当线极化
波通过极化变换器时，会产生圆极化波，电磁波照射在物体上返回，
产生反向圆极化波，反向圆极化波再次通过，会产生线极化波，并
且此时的线极化波的极化方向与发射的线极化波的极化方向相垂直，
而且整个极化变换器产生的传输损耗非常小。

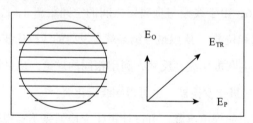

图 5.5　线栅结构和发射波的对比

如图 5.5 所示，极化变换器的结构与极化隔离器类似，也是在
材料基底的一面光刻上铝线，但在另一面上，全面覆盖铝材料（厚
度大概在 $0.5\mu m$）。基底的厚度要求在 0.3mm 左右，已经找到一些
基底材料（上一章所介绍的四种材料），厚度分别为 0.2mm、0.3mm、
0.35mm，直径为 100mm。

E_{TR} 为发射波，其极化方向与极化变换器的线栅成 45° 角（如图 5.5 所示）。所以 E_{TR} 可以看成 E_0 和 E_P 的合成波，E_0 的极化方向垂直于线栅，而 E_P 的极化方向平行于线栅。由上一章对极化隔离器的研究，我们知道，E_0 可以穿透线栅面，直接照射在后面的全金属面上（图 5.6 所示），从而被反射，再次穿透线栅。而 E_P 则直接被线栅反射。

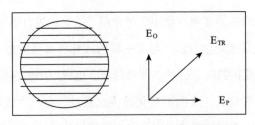

图 5.6   极化变换器的工作原理图

如图 5.6，由于线栅与金属层之间的空间距离 d，E_0 和 E_P 将会产生 90° 的相位差。所以最终结果就是发射的线极化波经过极化变换器就会产生圆极化波，反之，利用相同的理论，从目标反射回的圆极化波经过极化变换器，也可得到线极化波。

通过以上的理论解释，可以让极化变换器完美实现转换，但在实际中，基底的厚度必须非常精确，并且在一定厚度的基底下，极化变换器可以容许的带宽也是需要考虑的，下面将对极化变换器进行仿真计算。

第二节 极化变换器的仿真

这一节通过仿真将确定极化变换器的基底厚度（图5.6中的d），内部金属栅条的尺寸，极化变换器的可容频带，性能等一系列指标。

一、计算基底厚度（d）

如前面理论分析，再加上之前对极化隔离器的仿真，理论上极化变换器可以很好地实现线极化与圆极化的相互转换。现在的重点是两个线极化波的相位差是由金属栅条和金属板之间的距离d（图5.6所示）产生的。如果要求 E_0 和 E_p 相位差为90°，那么d可以由下面的理论公式得到：

$$d = \frac{(2n-1)\lambda}{4\sqrt{2}} \qquad （5-1）$$

n为自然数，（n=1,2,3…），但当金属栅条和金属板之间为电介质时， ε_r 为电介质的介电常数，得到式（5-2）：

$$d = \frac{(2n-1)\lambda}{4\sqrt{2}(2\varepsilon_r - 1)} \qquad （5-2）$$

当金属栅条和金属板之间为石英玻璃时，$\lambda = 1.36mm$，n=2，可以得到d=0.371mm。图5.7显示的是225GHz频率下的 E_0 和 E_p 相位差，基底材料选取的是石英玻璃。对于金属栅条的具体尺寸，在第四章已经详细分析，可以先选取金属条宽 $5\mu m$，周期 $90\mu m$，当之间的距离 $d = 0.244mm$ 时，相位差为91.72°。

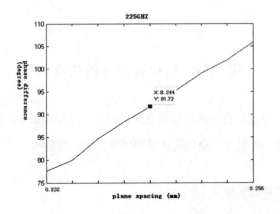

图 5.7 E_O 和 E_P 的相位差

　　基于前面提到的机械加工精度，很难实现如此精确厚度的石英玻璃。但可以采用另一种方法来优化，即采用两种材料——石英玻璃和塑料作为基底，通过两种材料的厚度匹配来精确控制厚度值。

　　仿真模型如图 5.6 所示。基于前面对极化隔离器的研究，这里选取极化变换器中金属栅条的尺寸为：宽 5μm，间距 85μm。激励源设为平面波。通过前面的仿真，在 225GHz 下，厚度选取 0.244mm 比较合适。所以在 225GHz，0.244mm 厚度的设定下，得到 E_O 和 E_P 的幅度图和相位图，图 5.8 和图 5.9 所示。

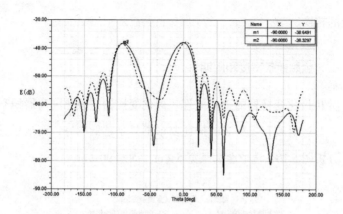

图 5.8 E_O 和 E_P 的幅度图

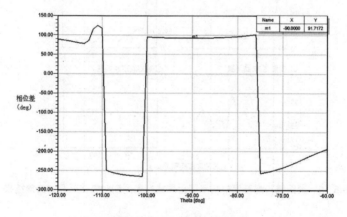

图 5.9 E_O 和 E_P 的相位差图

如图 5.8 所示，实线和虚线分别代表 E_O 和 E_P 的幅度曲线，标注 m1 和 m2 分别表示在 –90° 方向，即极化变换器发射出波的方向。而此方向上得到的 E_O 和 E_P 的幅度差为 0.32dB。图 5.9 中，曲线代表 E_O 和 E_P 的相位差，标注 m1 也在 –90° 方向，得到的相位差为 91.7172°。由此数据看来，极化变换器可以很好地实现线极化到圆极化的转换。

二、金属栅条宽度和周期

分析极化变换器的工作原理，极化变换器与极化隔离器稍有不同，它对透射波和反射波的损耗要求不只是越低越好，而是尽量相近，分析图 5.10，选取金属条宽 $5\mu m$，周期 $90\mu m$。

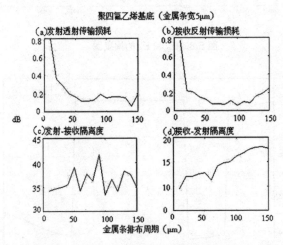

图 5.10　聚四氟乙烯基底材料不同金属线栅条周期时极化隔离器仿真结果

通过上面的分析，最终得到极化变换器的最优尺寸为：金属条宽 $5\mu m$，周期 $90\mu m$，间距 $d = 0.244mm$。

三、带宽的仿真

从上一节可以看出，极化变换器有能力实现线极化到圆极化的转换。但其相位差偏移决定的频带宽也是非常重要的指标。此次仿真设定波长为 1.33mm（225.445GHz）的电磁波，金属栅条和金属板之间的距离（d）设为 0.233mm。仿真频域为 220GHz 到 230GHz（步长 0.2GHz）。结果如图 5.11，图 5.12 所示。

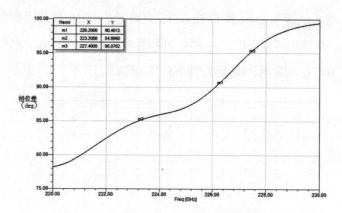

图 5.11　输出方向上 E_O 和 E_P 的相位差图

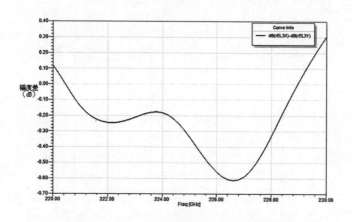

图 5.12　E_O 和 E_P 在输出方向上的幅度差图

图 5.11 显示在 –90° 方向（极化变换器的输出方向）上，220GHz 到 225GHz 之间的 E_O 和 E_P 的相位差图。标注 m1 显示在

226.2GHz 时，相位差为 90.4012°。如果设定相位差的偏移为 85° 到 95°，那么标注 m2 和 m3 显示的频带宽为 223.2GHz 到 227.4GHz。因此，可以得到极化变换器的带宽为 4.2GHz。

图 5.12 所示为 E_O 和 E_P 在 -90° 方向上，10GHz 频扫得到的幅度差。从图中可以看出，E_O 和 E_P 的幅度差没有超过 0.7dB，可以看出在 10GHz 频带内，幅度差的影响相对较小。

第三节　小结

　　本章首先提出来两种方案可以实现极化变换器，通过 HFSS 软件研究各向异性的蓝宝石，从理论上可以实现线极化到圆极化的转变，但在实际应用中，蓝宝石电参数的不确定性（人工蓝宝石，不同厂家有不同的参数），使得用它作为极化变换器是很难实现的。利用第三章中的仿真计算方法，对金属栅条型极化变换器的内部结构尺寸进行类似第四章的优化设计，确定了一个最优的内部结构，可以很好地实现线极化到圆极化的转换，金属栅条结构的极化隔离器可以很好地达到低损耗、高圆极化率、易加工的设计要求，根据其工作原理，亦可通过改变其物理结构尺寸，应用于不同的频带。

参考文献

[1] Robert W. McMillan, Senior Member, ZEEE, C. Ward Trussell, Jr., Ronald A. Bohlander, J. Clark Butterworth, and Ronald E. Forsythe, "An Experimental 225 GHz Pulsed Coherent Radar," IEEE TRANSACTIONS ON MICROWAVE THEORY AND TECHNIQUES, VOL. 39, NO. 3, MARCH 1991.

[2] ROBERT E. MCI" KISH, FELLOW, IEEE, RAM M. NARAYANAN, STUDENT MEMBERIE, EE, JAMES B. EAD, STUDENT MEMBER, IEEE, AND DANIEL H. SCHAUBERT, SENIOR MEMBER, IEEE, "Design and Performance of a 215 GHz Pulsed Radar System," IEEE TRANSACTIONS ON MICROWAVE THEORY AND TECHNIQUES, VOL. 36, NO. 6, JUNE 1988.

[3] V. I. Bezborodov, A. A. Kostenko, G. I. Khlopov, and M. S. Yanovski, "QUASI–OPTICAL ANTENNA DUPLEXERS," International Journal of Infrared and Millimeter Waves, Vol. 18, No. 7, 1997.

[4] A. Tessmann, " 220–GHz Low–Noise–Amplifier Modules for Radiometric Imaging Applications", Proc. 1st European Microwave integrated Circuits Conference, pp. 137–140, Sep. 2006.

[5] Helmut Essen, Stefan Stanko, Rainer Sommer, Alfred Wahlen, Ralf Brauns, Joern Wilcke,Winfried Johannes, Axel Tessmann and Michael Schlechtweg, "A High Performance 220–GHz Broadband Experimental Radar", 978–1–4244–2120–6/08/$25.00 ©IEEE.

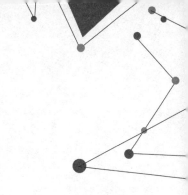

第六章

测试实验及结果分析

通过上面几章的分析，无论是理论上，还是仿真计算的结果，都可以看出极化隔离器和极化变换器的性能非常优秀。但在实际应用中，会碰到诸多因素影响两个器件的工作性能，例如基底材料的表面抛光度会影响加工成品的质量，因为金属条非常细密，肉眼无法看到，加工中有可能会变形。只有通过对加工成型的两个器件进行测试实验，才能得到其真实的工作性能。于是，制作了三轮的极化隔离器和极化变换器（不同的基底材料，不同的内部结构尺寸），下面对加工成型的极化隔离器和极化变换器进行具体的测试实验，最后会给出结果分析。

第一节　220GHz极化隔离器、极化变换器制作工艺

此极化隔离器和极化变换器是在中国电子科技集团第十三研究所第十研究室（制版中心）制作完成，利用美国 GCA3600F 制版系统一套及相应制版工艺设备，能完成 5 英寸以下、最小线宽 2 微米以上、套刻精度 ±0.3 微米的光掩模制作及相关服务。

下面是中国电科集团第十三研究所第十研究室提供的制作服务：

1. 主要产品：光掩膜版 photomask 。

2. 产品种类：

（1）5：1 投影光刻用掩膜版。

（2）1：1 接触式光刻用掩膜版。

3. 材料及产品尺寸：

（1）材料：铬版（苏打玻璃衬底）、明胶干版。

（2）尺寸：2.5″ 4″ 5″。

因为本章中的极化隔离器和极化变换器内部结构在 μm 量级，所以采用的是 5：1 投影光刻用掩膜版的制作方法，此方法可以精确控制尺寸，工作稳定。加工设备是成品系统自带成熟软件操作，所以具体加工流程相对简单。

具体的工艺流程：

1. 掩膜版图数据处理。

2. 利用 5 寸接触板进行掩膜版图制作。

3. 清洗基底材料表面。

4. 进行蒸铝作业。

5. 在基底材料进行光刻铝。

6. 背部进行涂胶保护。

7. 进行腐蚀铝作业。

8. 去除胶。

第二节　220GHz极化隔离器、
极化变换器性能测试

一、测试环境

215～225GHz 发射机一套；215～225GHz 接收机一套；215～225GHz 波纹喇叭天线两只；实验用支架数只，支架材料为聚四氟乙烯。

二、测试内容和原理

（一）测试内容

1. 极化隔离器正反双面正向传输透射损耗。

2. 极化隔离器正反双面反向传输反射损耗。

3. 极化隔离器正反双面空间隔离度。

4. 极化隔离器正反双面极化隔离度。

5. 极化变换器的传输损耗。

6. 极化变换器的输出电磁波的圆极化率。

（二）极化隔离器各参数测试原理

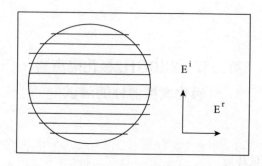

图 6.1　两种辐射源极化方向与极化隔离器金属线方向

如图 6.1 所示，辐射源采用两种摆放方式进行测量：E^i 代表辐射源的极化方向与金属线垂直，E^r 代表辐射源的极化方向与金属线平行。

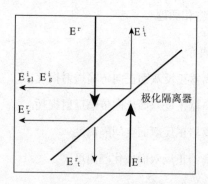

图 6.2　两种辐射源照射在极化隔离器上的俯视图

如图 6.2 所示，辐射源照射在极化隔离器上的俯视图，对比图 4.1，E^i 波和 E^r 波分别表示发射天线的发射波和极化变换器的返回波。极化隔离器与 E^i 波和 E^r 波的传播方向均成 45° 角。

由 E^i 产生了透射波 E^i_t 和散射波 E^i_g 和 E^i_{gl}，对比图 4.1，E^i_t 表示

发射天线的主波透过极化隔离器的电磁波（其值理论上应该和 E^i 相同），散射波 E^i_g 和 E^i_{g1} 是同方向上的电磁波，他们的方向均是进入接收天线的（其值理论上应该非常小），不同的是他们的极化方向相互正交，E^i_g 的极化方向与接收天线的接收极化方向正交，E^i_{g1} 的极化方向与接收天线的接收极化方向相同，通过对以上三个数值的测量就可以得到极化隔离器的透射传输损耗、极化隔离度和空间隔离度。

由 E^r 产生了反射波 E^r_r。对比图 4.1，E^r_r 表示电磁波照射目标物体的返回波经过极化隔离器的反向反射传输，其值理论上与 E^r 相同，并且可以得到极化隔离器的反射传输损耗。

极化变换器与极化隔离器类似，结合图 5.6，如图 6.3 原理所示，只是在介质的另一面涂上全金属。并且辐射源 E_{TR} 的极化方向与金属线方向成 45° 角，因此产生 E_P 和 E_0 两个分量（设两分量的合波为 E_R，原理如图 6.3 所示），E_P 的极化方向与金属线平行，E_0 的极化方向与金属线垂直。通过测量以上两个数值的合成电磁波 E_R，就可以得到极化变换器的传输损耗。

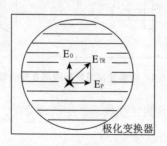

图6.3　极化变换器原理图

由此，测量图 6.2、6.3 中数据可以得到所需的测量结果：

1. 极化隔离器透射传输透射损耗：$20\log(|E^i|/|E^i_t|)$（dB）。

2. 极化隔离器空间隔离度：$20\log(|E^i|/|E^i_{g1}|)$（dB）。

3. 极化隔离器极化隔离度：$20\log(|E^i|/|E^i_g|)$（dB）。

4. 极化隔离器反射传输反射损耗：$20\log(|E^r|/|E^r_r|)$（dB）。

5. 极化变换器传输损耗：$20\log(|E_{TR}|/|E_R|)$（dB）。

6. 极化变换器两个电场分量幅度差：$|E_O - E_P|$（V）。

7. 极化变换器两个电场分量相位差：$|ph_O - ph_P|$（deg）。

三、测试方案

通过上一节的理论分析，下面进行具体实验操作，只需测量以上所需的值即可。

1. 步骤 1：测试一定距离接收机的幅值。

如图 6.4 摆放，发射机与接收机采用固定距离 d，系统稳定后测量接收机处的幅值 E^i。

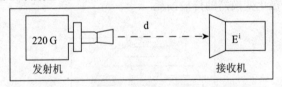

图 6.4　测量距离发射机距离 d 处的幅值

步骤 2 和 3 实验装置摆放会产生两种情况，因为极化隔离器只有单面涂金属线，所以分为：

情况 1：涂金属线面面对发射机时设定为正面。

情况 2：涂金属线面背对发射机时设定为反面。

2. 步骤 2：测量极化隔离器的 E_t^i、E_g^i、E_{g1}^i。

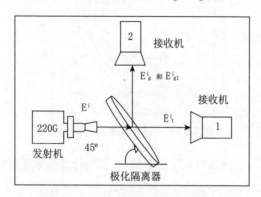

图 6.5 E^i 产生的散射波和透射波俯视图

如图 6.5 摆放实验设备：接收机放置位置 1 和位置 2 与发射机的电磁波的传播距离都为 d。极化隔离器的金属线与 E^i 波的极化方向垂直，极化隔离器与发射波的传播方向成如图样式的 45° 角。接收机首先放置于位置 1，此时测得 E_t^i（接收机主要接收垂直于金属线的极化波，即主极化波），接着接收机放置于位置 2，测得 E_g^i（接收机主要接收平行于金属线的极化波，即交叉极化波）和 E_{g1}^i（接收机主要接收垂直于金属线的极化波，既主极化波）。

3. 步骤 3：测试极化隔离器的 E_t^r。

如图 6.6 摆放实验设备：与图 6.5 类似，接收机只放置于位置 2。此时，极化隔离器的金属线与 E^r 波的极化方向平行，极化隔离器与 E^r 波传播方向成如图样式 45° 角，接收机放置于位置 2 测得 E_r^r（接收机主要接收平行于金属线的极化波，既主极化波）。

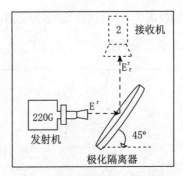

图 6.6 E^r 产生的反射波的俯视图

4. 步骤 4：测试极化变换器的 E_R 和两分量的幅度和相位。

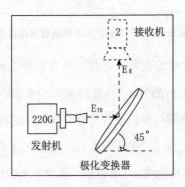

图 6.7 E_{TR} 产生的反射波的俯视图

图 6.7 和图 6.6 一样摆放装置，只不过此次换成极化变换器，并且刻金属线面面对发射机，金属线需要与发射天线的极化方向成 45° 角。首先摆放接收机的接收极化方向与发射机相同，通过围绕接收喇叭的相位中心，分别左转 45° 和右转 45° ，即可测得 E_O、E_P 两个分量的幅度和相位。E_R 便可由 E_O 和 E_P 两列电磁波的幅值合成得到。

第三节 第一轮原理样机测试

一、测试样品

第一轮加工成型的极化隔离器和极化变换器样品总共 4 个，都为普通石英玻璃基底。其中极化隔离器样品 2 个，极化隔离器样品 1 设计参数为金属线宽 5μm、线间隔 85μm；极化隔离器样品 2 设计参数为金属线宽 5μm、线间隔 5μm；极化变换器样品 2 个，极化变换器样品 1 设计参数为金属线宽 5μm、线间隔 85μm；极化变换器样品 2 设计参数为金属线宽 5μm、线间隔 5μm。

图 6.8 为极化隔离器的样品图，可以看出左图金属线条由于间距大，所以基本完全透明，右图由于金属线条间距很小，透明度降低。极化变换器的外形与之类似。

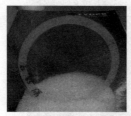

图 6.8 极化隔离器样品，左边为线间距 85μm，右边为线间距 5μm

为了便于观测，这里给出极化隔离器和极化转换器加工成品在 400 倍放大镜下的局部 CCD 照片，如图 6.9 所示。

（a）线间距85μm极化隔离器　　（b）线间距5μm极化隔离器

 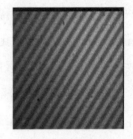

（c）线间距85μm极化变换器　　（d）线间距5μm极化变换器

图 6.9　极化隔离器和极化变换器加工成品在 400 倍放大镜下 CCD 照片

二、测试现场布置图

图 6.10　极化隔离器的实验现场布置图

图 6.11 极化变换器的实验现场布置图

如图 6.10、6.11 摆放实验设备，进行测试。如图上所示，摆放好实验设备以后，在周围和接收机上布置了吸波材料。由于当时的实验条件限制，无法测量 E_P 与 E_0 的幅值和相位，故在第一轮实验中，只能测量 E_R（此值理论上比发射波幅值小 3dB），即接收天线的接收极化方向与发射机的发射极化方向相同。

三、测试结果

此次实验，采用正反双面进行测试，由于从结果图上难以看到明显差异，故这里只给出一种测试结果。此次实验没有测试出极化隔离度，只测试了空间隔离度。

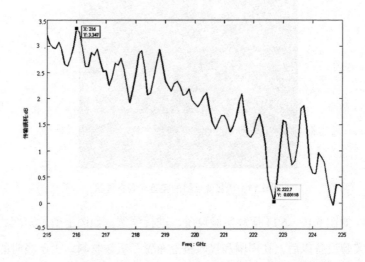

图 6.12　线间隔 5μm 极化隔离器的透射传输损耗

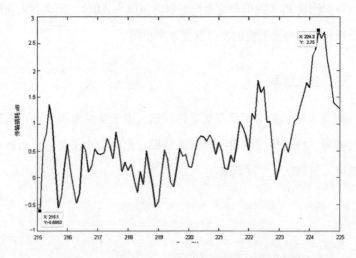

图 6.13　线间隔 5μm 极化隔离器的反射传输损耗

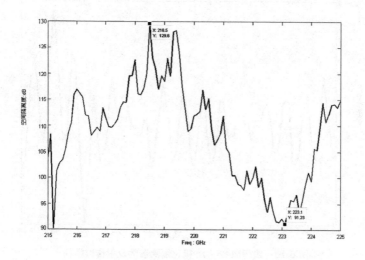

图 6.14 线间隔 5μm 极化隔离器的空间隔离度

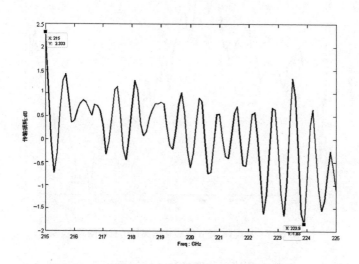

图 6.15 线间隔 85μm 极化隔离器的透射传输损耗

220GHz 收发隔离网络关键技术研究

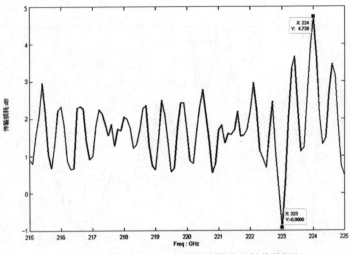

图 6.16　线间隔 85μm 极化隔离器的反射传输损耗

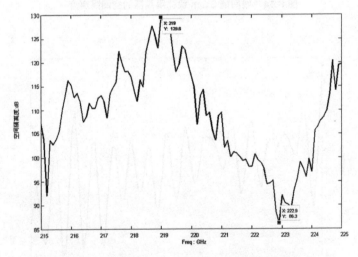

图 6.17　线间隔 85μm 极化隔离器的空间隔离度

图 6.18、6.19 为两块极化变换器的传输损耗图。

- 134 -

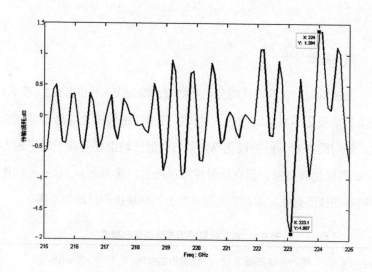

图 6.18　线间隔 5μm 极化变换器的传输损耗

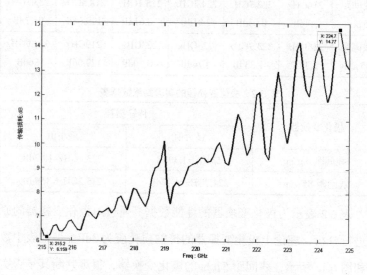

图 6.19　线间隔 85μm 极化变换器的传输损耗

四、实验分析

通过对以上实验曲线的分析和整理，得到表 6.1 和表 6.2。表 6.1 表示的是极化隔离器的性能，对比线疏和线密的极化隔离器可以看出，线间距为 85μm 的极化隔离器的透射传输损耗要好于线间距为 5μm 的极化隔离器，但在反射传输损耗上，线间距为 5μm 的极化隔离器的性能更好。而在空间隔离度上，两块板的性能差不多。

表 6.1　极化隔离器的实验结果数据表

极化隔离器	透射传输损耗		反射传输损耗		空间隔离度	
	最大值	最小值	最大值	最小值	最大值	最小值
线间距 5μm	216GHz 3.4dB	222.7GHz 0.03dB	224.3GHz 2.81dB	215.1GHz −0.61dB	218.5GHz 129.6dB	223.1GHz 91.2dB
线间距 85μm	215GHz 2.3dB	223.9GHz −1.83dB	224GHz 4.74dB	223GHz −0.90dB	219GHz 129.6dB	222.9GHz 86dB

表 6.2　极化变换器的实验结果数据表

极化变换器	传输损耗	
	最大值	最小值
线间距 5μm	224GHz1.39dB	223.1GHz−1.87dB
线间距 85μm	224.7GHz14.77dB	215.2GHz6.159dB

表 6.2 表示为极化变换器的性能数据，通过对极化变换器的原理进行分析，理论上极化变换器的传输损耗应为 3dB。但如表中数据和图 6.18 所示，线间距 5μm 的极化变换器，很难判断其是否实现了线极化到圆极化的转换。参照表中数据和图 6.19，虽然线间距

$85\mu m$ 的极化变换器的传输损耗比较大，但可以看到随着频率的增加（波长的减小），损耗越来越大，这也正符合原理上 E_0 和 E_p 两个分量随着相位差的增大，而使得总量 E_R 在减小。可以看出此极化变换器的工作频率不在 215GHz ～ 225GHz 之间，应在 210GHz 附近。造成损耗增加的另一个原因是，根据仿真实验结果，当介质厚度为 0.3mm 时，可以在 200GHz 实现线极化到圆极化的转换，所以如果需要在 220GHz 频段实现线极化到圆极化的转换，则要求介质厚度小于 0.3mm，而加工成品的介质底板厚度为 0.3mm ± 0.05mm。造成的原因是底板材质比较脆弱，越薄的底板越容易破碎，加工过程中，由于操作不慎，较薄的底板都已破碎，成品的底板厚度都在 0.3mm 以上，所以造成适用频率下降。

本轮测试，由于实验条件限制，未能进行极化隔离器的极化隔离度和极化变换器的两个电场分量的测试。

第四节　第二轮原理样机测试

一、测试样品

由于第一轮实验存在的缺陷，我们进行了第二轮样机加工和测试。第二轮测试样品共计 6 只，全部为极化隔离器，其设计参数分别如下。

1. 红外石英玻璃基底、金属线宽为 5μm、线间隔 75μm 极化隔离器 2 只。

2. 红外石英玻璃基底、金属线宽为 5μm、线间隔 5μm 极化隔离器 2 只。

3. 单晶硅基底、金属线宽为 5μm、线间隔 5μm 极化隔离器 1 只。

4. 高阻硅基底、金属线宽为 5μm、线间隔 75μm 极化隔离器 1 只。

测试样品实物照片如图 6.20—图 6.23 所示。

图 6.20　红外石英玻璃，线间隔
75μm 极化隔离器

图 6.21　红外石英玻璃，线间隔 5μm
极化隔离器

图 6.22　单晶硅，线间隔 5μm 极化
隔离器

图 6.23　高阻硅，线间隔 75μm 极化
隔离器

二、测试现场布置图

如图 6.24、6.25 摆放实验设备进行测试，在周围布置吸波材料。极化隔离器放在聚四氟乙烯材料的支架中。

图 6.24　测试 Ei 的实验现场布置图

图 6.25　极化隔离器的实验现场布置图

三、测试结果

本次测试被测品共计六只，编号见表6.3。

被测品摆放方向分为正面（即带有金属珊格的一面面对发射机，用符号 f 表示）、反面（即带有金属珊格的一面背对发射机，用符号 b 表示）。

测试项目共有四项，分别用符号 T（正向传输透射损耗）、R（反向传输反射损耗）、DD（空间隔离度）、G（极化隔离度）表示。

表 6.3　被测品编号表

序号	标识符号	被测品说明
1	HW751	红外石英玻璃基底材料，金属线宽 $5\mu m$，间距 $75\mu m$，第 1 只
2	HW752	红外石英玻璃基底材料，金属线宽 $5\mu m$，间距 $75\mu m$，第 2 只
3	HW51	红外石英玻璃基底材料，金属线宽 $5\mu m$，间距 $5\mu m$，第 1 只
4	HW52	红外石英玻璃基底材料，金属线宽 $5\mu m$，间距 $5\mu m$，第 2 只
5	G5	单晶硅基底材料，金属线宽 $5\mu m$，间距 $5\mu m$
6	GZG75	高阻硅基底材料，金属线宽 $5\mu m$，间距 $75\mu m$

经过测试，得到的测试结果图，虽然数值上有差距，但每种基底材料的相同测试内容的曲线形状类似，所以这里不再一一列举，只在下面显示出高阻硅基底极化隔离器测试结果图：图6.26—图

6.33，其中图片测试内容的编号如表 6.3 所述。

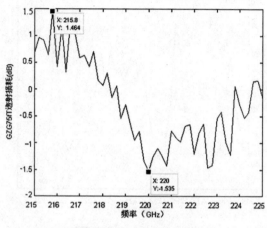

图 6.26　GZG75fT 透射损耗

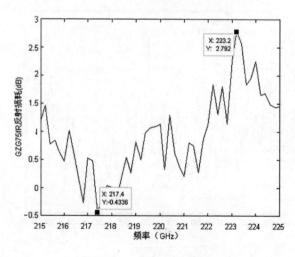

图 6.27　GZG75fR 反射损耗

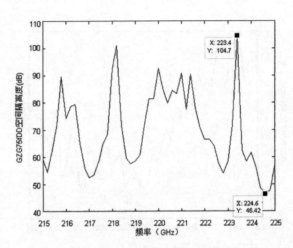

图 6.28　GZG75fDD 空间隔离度

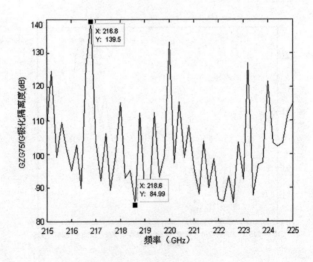

图 6.29　GZG75fG 极化隔离度

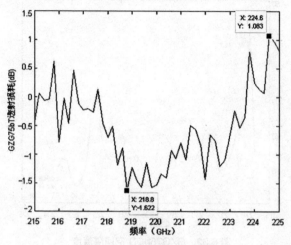

图 6.30 GZG75bT 透射损耗

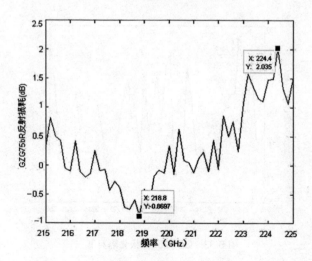

图 6.31 GZG75bR 反射损耗

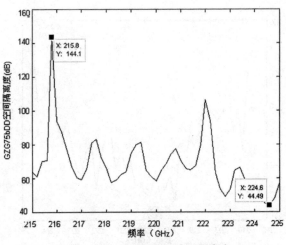

图 6.32　GZG75bDD 空间隔离度

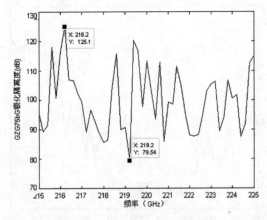

图 6.33　GZG75bG 极化隔离度

四、实验分析

对实验测得的数据进行整理，得到表 6.4，表格内上面的数据代表正面（f）摆放得到的实验数值，下面的为反面（b）摆放得到的实验数值。

表 6.4　极化隔离器主要测试数据表（单位：dB）

样品名	方向	透射损耗	反射损耗	极化隔离度
HW751	正向	−1.4~1.0	−4.0~2.5	68.0~129.0
	反向	−1.8~1.1	0.3~3.3	81.5~137.4
HW752	正向	2.0~5.7	0.6~4.1	75.6~149.0
	反向	3.4~5.9	1.2~5.3	75.2~136.4
HW51	正向	−1.7~1.0	−1.5~1.3	82.5~138.7
	反向	−1.3~1.5	−1.8~1.4	82.8~134.8
HW52	正向	−2.4~1.0	−1.8~0.8	87.1~168.1
	反向	−1.7~1.1	−1.6~1.2	73.0~125.0
G5	正向	15.2~20.8	−2.8~0.4	87.6~147.4
	反向	15.2~18.7	5.7~11.8	86.6~148.1
GZG75	正向	−1.5~1.5	−0.4~2.8	85.0~139.5
	反向	−1.6~1.1	−0.9~2.0	80.0~125.0

对表 6.4 的数据进行分析，与第一次实验相同的是，正反双面的实验数据差不多。而此次实验，HW751、HW51、HW52、GZG75 的实验结果比较好，达到了预期的极化隔离器的效果。HW751 和 HW752 的结构应该是完全一样的，但得到的数据却相差不小，有可

能是基底材料内部的问题，也有可能是加工时对金属线的处理不当。对于硅基底材料的极化隔离器，对反向传输反射损耗的数据分析，正向测试时，电磁波直接被金属线网反射；而反向测试时，电磁波要透过硅基底两次，所以发现硅材料对电磁波的损耗还是相当大的，故不合适当基底用在极化隔离器和极化变换器上。

此次对比线间距75μm（HW75）和线间距5μm（HW5）的极化隔离器，正向传输透射损耗差不多，反向传输反射损耗，线间距为75μm的要相对较好，而隔离度方面，线间距5μm的更优秀。对比高阻硅基底和红外石英玻璃基底，结果相差不多，再对比表6.1的数据，红外石英玻璃基底的极化隔离器并没有远好于石英玻璃基底的极化隔离器。在价格上，红外石英玻璃要高于普通石英玻璃，而高阻硅的价格更是远远高于红外石英玻璃。

理论上来说，透射损耗和反射损耗是不可能出现 –dB 值的。但是测试结果中出现了大量的 –dB 值，这一结果一方面说明测试系统误差较大，另一方面也反映出样品实际的传输损耗值较小。

第五节 第三轮原理样机测试

一、测试样品

第三轮原理样机加工和测试以极化变换器为主，共计加工成品7只，其设计参数分别如下：

1. 红外石英玻璃基底、金属线宽为 $5\mu m$、线间隔 $75\mu m$ 极化变换器。

2. 红外石英玻璃基底、金属线宽为 $5\mu m$、线间隔 $5\mu m$ 极化变换器。

3. 石英玻璃基底、金属线宽为 $5\mu m$、线间隔 $85\mu m$ 极化变换器。

4. 石英玻璃基底、金属线宽为 $5\mu m$、线间隔 $5\mu m$ 极化变换器。

5. 高阻硅基底、金属线宽为 $5\mu m$、线间隔 $75\mu m$ 极化变换器。

6. 高阻硅基底、金属线宽为 $5\mu m$、线间隔 $5\mu m$ 极化变换器。

7. 高阻硅基底、金属线宽为 $5\mu m$、线间隔 $5\mu m$ 极化隔离器。

测试样品实物照片如图 6.34—图 6.40 所示。

图 6.34　红外石英玻璃，
线间隔 75μm 极化变换器

图 6.35　红外石英玻璃，
线间隔 5μm 极化变换器

图 6.36　石英玻璃，
线间隔 85μm 极化变换器

图 6.37　石英玻璃，
线间隔 5μm 极化变换器

图 6.38　高阻硅，
线间隔 75μm 极化变换器

图 6.39　高阻硅，
线间隔 5μm 极化变换器

图 6.40　高阻硅，线间隔 5μm 极化隔离器

二、测试现场布置图

如图 6.41、6.42 摆放实验设备进行测试，在周围布置吸波材料。极化变换器和极化隔离器放在聚四氟乙烯材料的支架中。

图 6.41　测试 Eⁱ 的实验现场布置图　　图 6.42　极化变换器的实验现场布置图

三、测试结果

本次测试被测品共计七只，分别编号见表 6.5。

表 6.5 中的 S85 和 S5 样品为第一轮原理样机测试时的样品，因为当时的测试条件不成熟，无法进行详细测试，故在此轮测试中进行再测试。经过测试，得到极化变换器六个样品的结果图，所以这

里不一一列举，只在下面给出 HS75 样品的测试结果图。其他样品测
试结果在表 6.6 中进行对比分析。

通过分析 HS75 的结果图，可以看到 HS75 样品的测试结果是可
以满足实际应用的，下面表 6.6 将给出其他样品的结果数据，从结果
数据上可以得到，此种结构的极化变换器是可以实现线极化电磁波
到圆极化电磁波的转换。

表 6.5　被测品编号表

序号	标识符号	被测品说明
1	HS75	红外石英玻璃基底材料，金属线宽 $5\mu m$，间距 $75\mu m$
2	HS5	红外石英玻璃基底材料，金属线宽 $5\mu m$，间距 $5\mu m$
3	S85	石英玻璃基底材料，金属线宽 $5\mu m$，间距 $85\mu m$
4	S5	石英玻璃基底材料，金属线宽 $5\mu m$，间距 $5\mu m$
5	G75	高阻硅基底材料，金属线宽 $5\mu m$，间距 $75\mu m$
6	G5	高阻硅基底材料，金属线宽 $5\mu m$，间距 $5\mu m$
7	GG5	高阻硅基底材料，金属线宽 $5\mu m$，间距 $5\mu m$

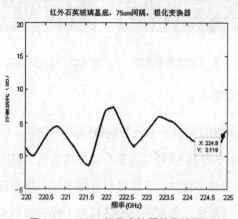

图 6.43　HS75 极化变换器的传输损耗

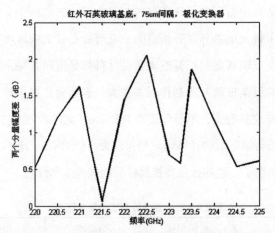

图 6.44 HS75 极化变换器正交电场分量的幅度差

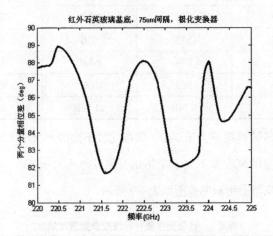

图 6.45 HS75 极化变换器正交电场分量的相位差

四、实验分析

第三轮实验结果分析如表 6.6 所示。由表 6.6 可以看到，不同样品的测试结果相差不大，只是在 S85、G75 和 G5 的两个分量幅度差一项出现了较大的差异。分析原因，有可能是较大的厚度引起，因为红外石英玻璃基底和石英玻璃基底材料都是按照 0.3mm 定做，但第一批次的石英玻璃基底制作误差较大，表面抛光度不好，而高阻硅基底是按成品购买，本身厚度在 0.35mm，此厚度相对 220GHz 电磁波的波长与第五章的计算结果相差较大。而 HS75、HS5、和 S5 的测试结果表明了，这些极化变换器样品的优秀工作性能。

表 6.6 极化变换器测试结果数据表

测试样品	传输损耗	幅度差	相位差
HS75	2.5dB	1.1dB	86°
HS5	2dB	1.2dB	83°
S85	5dB	6dB	83°
S5	2dB	1.3dB	83°
G75	2dB	6dB	82°
G5	0.1dB	11.5dB	83°

按照传输损耗不大于 3dB、圆极化波不圆度不大于 1.5（对应正交极化分量的幅度差不大于 1.76dB、相位差不大于 10°。）的要求，其极化变换器适用频率范围如表 6.7 所示。

表 6.7 极化变换器样品性能参数测试结果

样品代号	≤ 3dB 传输损耗频率范围 /GHz	≤ 1.76dB 幅度差频率范围 /GHz	≤ 10° 相位差频率范围 /GHz	全面满足指标频率范围 /GHz
HS75	224–225	224–225	220–225	224–225
HS5	220–224	220–222,223–225	220–221.5	220–221.5
S85	224.5 ± 0.1	–	220.5–222	–

样品代号	≤ 3dB 传输损耗频率范围 /GHz	≤ 1.76dB 幅度差频率范围 /GHz	≤ 10° 相位差频率范围 /GHz	全面满足指标频率范围 /GHz
S5	224.3–225	222.7–225	221–225	224.3–225
G5	220–225	–	220–222,223–224.5	–
G75	224.5 ± 0.1	–	220.5–221.5	–

表 6.8 所示为 GG5 极化隔离器的测试结果，从表 6.6 和表 6.8 的数据可以看出，此轮的测试结果中，损耗值偏大，而且结果曲线抖动较大，但结果数据显示的器件性能与之前的原理分析相吻合。因为此次测试，只有一个极化隔离器样品，没有对比，在后面测试结果分析中，将与前两次测试进行对比分析。

表 6.8 极化隔离器测试结果数据表

测试样品 GG5	最小值	最大值
透射传输损耗	17.13dB	19.56dB
反射传输损耗	0.9373dB	5.08dB
空间隔离度	40.75dB	59.57dB
极化隔离度	37.9dB	76.67dB

第六节　测试结果分析

通过对第一次、第二次和第三次实验的数据结果对比，得出表6.9，表中的数据是通过对此频段的测试结果取平均值得到，用以对比不同基底材料极化隔离器的性能，其中第一次测试实验、第二次测试实验和第三次测试实验的设备有些许改变，所以三次的结果可能产生微小的不同。

对于极化变换器的测试结果，因为只有第三轮实验中进行了详细的测试，并且已经在上一节进行了对比分析，本节不再进行重复说明。表6.9显示的是三次实验合成的极化隔离器性能数据表，因为第一次测试石英玻璃基底的实验并没有测试极化隔离度一项，所以为空。第二次实验，测试系统进行了微调整，在一些波段会有偏差，所以出现了负 dB 数据。第三次实验，系统的稳定度不高。故对表6.9 的数据进行的是对比参照的分析。

首先，在不同线间距上，可以明显看出金属线致密的器件要比金属线稀疏的器件在正向透射传输损耗上要高，相对的，在反向反射传输损耗上要低。但几种金属线宽得出的结果，还是可以接受的。经过计算优化得到的 $75\mu m$ 间距，在一定对比中，可以看到他的优势。因为高阻硅基底，线间距 $5\mu m$ 样品测试数据为第三次实验，所以损耗值比较大，这也造成了隔离度相对减弱。

表 6.9　不同基底材料极化隔离器性能对照表

基底材料	不同的线间距	正向传输损耗	反向传输损耗	空间隔离度	极化隔离度
石英玻璃	5μm	1.5dB	0.9dB	108dB	–
	85μm	0.2dB	1.8dB	107dB	–
红外石英玻璃	5μm	0.2dB	0.3dB	75dB	105dB
	75μm	0dB	1.2dB	83dB	90dB
硅	5μm	17dB	8.5dB	60dB	110dB
高阻硅	75μm	−0.5dB	0.5dB	80dB	105dB
	5μm	18dB	2dB	50dB	70dB

　　基底材料上来说，从表中明显看到硅基底材料的极化隔离器，它的传输损耗非常高，可以看出硅材料对 220GHz 的电磁波损耗还是比较大的，而其他三种材料相对要小很多，甚至从测试结果上可以说损耗近似于 0。高阻硅基底的器件性能可以说是非常好，各项数值都位列前茅。而红外石英玻璃和普通石英玻璃基底的极化隔离器的性能也没有差很多，从数据上来看，也可以满足系统的要求。

第七节 小结

由上面的实验结果分析可以看出，极化隔离器完全可以实现不同极化方向的电磁波，由于实验条件的限制，未能对极化变换器进行详细的测试，其传输损耗测试结果也在预想之内。极化隔离器和极化变换器还有很大改进的空间，相信经过以后的优化工作，将得到更好的实验结果。对于基底材料，最后进行的数据对比分析，可以看到石英玻璃、红外石英玻璃、高阻硅是都可以用作于基底的。其中高阻硅的性能非常理想，但因其国内没有合适的生产厂家，需要进口，所以价格非常高。在其高价格下，所购买的高阻硅片的质地和加工工艺也是非常高的，内部均匀，表明平滑度好。而红外石英玻璃基底相对普通石英玻璃基底的极化隔离器在性能上看不到质的提高，但红外石英玻璃的价格却是普通石英玻璃的十几倍。因为是研究性的试验，所以本章制作器件所购买的红外石英玻璃和普通石英玻璃均为国产，并且价格比较低廉，在制作工艺上难免有所差别。厚度误差较大，原料内部可能不均匀，表面平滑度不高。如果在以后的再加工中，用到高工艺的石英玻璃原料，相信其性能并不会比高阻硅原料差多少。

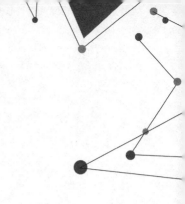

第七章

结　论

本书主要研究的是在 220GHz 频段下可以实现的收发隔离系统。THz 的研究在近些年来一直非常热门，而 THz 波本身的一些特点使其有着广阔的发展空间，220GHz 是一个大气窗口，同时也为广义上的 THz 波，并且相对更高频率的 THz 波，220GHz 又属于毫米波范围，利用微波电磁场方案实现系统更加方便，但相对目前常用的八毫米波和三毫米波来说，220GHz 的波长还是相对较小，一味地利用微波手段很难实现高性能的器件。故笔者也是利用准光学法，来实现收发隔离网络，结构简单，性能优异。

一、主要工作总结和创新性成果

1. 研究了一些可以在毫米波段实现的收发隔离系统，目前由于频率的增加，有效的方法并不多。最后，利用准光学方案，设计了一套准光学收发隔离系统。此收发隔离网络适合应用于 220GHz 以上的频段，具有适用发射功率高、传输损耗小、隔离度高的特点。

2. 提出了单元加成算法，新型的极化隔离器和极化变换器由于其内部结构的致密性，并且为电大尺寸结构，目前的一些常用的电磁计算方法都存在计算效率偏低的问题。单元加成算法利用几何光学原理与电磁场散射相结合的方法来实现，计算效率高，适用于全尺寸器件工程设计中的参数优化仿真。

3. 设计并实现了一个新型的 220GHz 极化隔离器。此极化隔离器结构简单、原材料便宜、制造工艺成熟。通过对极化隔离器的内部结构设计尺寸和基底材料选择的大量计算机仿真实验，确定了最佳设计方案，并且完成了样品加工。通过样品实验测试表明，此极

220GHz 收发隔离网络关键技术研究

化隔离器在 220GHz±5GHz 频段范围内隔离度大于 60dB、传输损耗小于 2dB。

4. 设计并实现了一个新型的 220GHz 极化变换器，作用是对电磁波进行线极化波和圆极化波的双向转换。此极化变换器具有结构简单、制造工艺成熟、传输损耗小的特点。通过对极化变换器的内部结构设计尺寸和基底材料选择的大量计算机仿真实验，确定了最佳设计方案，并且完成了样品加工。通过样品实验测试表明，此极化变换器在 220GHz±5GHz 频段范围内圆极化波不圆度小于 1.5、系统传输损耗小于 3dB。

二、今后工作的展望

1. 虽然加工成型的极化隔离器和极化变换器的电性能参数已经满足系统的要求，但其设计依据还不够充实。厘米波以下频段常用的一些基板材料，主要电参数有测量数据作为设计依据，红外以上光学频段常用的一些底板材料，主要光学参数亦有测量数据作为设计依据。但是，本文研究的频段范围介于上述二者之间，所应用的底板材料多数是光学频段常用的材料，至今为止，本书所使用底板材料的主要电参数不仅没有测量数据作为依据，而且也没有理论数据供参考。

2. 极化隔离器和极化变换器的内部结构是致密的金属线条，本书的大量计算机仿真实验结果表明，金属线条宽度相对于金属线条周期来说对器件的电性能参数的影响较小。受加工、实验成本限制，本书全部加工测试样品金属线条宽度均为 5μm，而现有加工工艺误差在 1μm 左右，为了更好地保证器件加工的成品率和器件的电性能参数的稳定性，金属线条宽度越宽越有利。

3. 目前，国内 220GHz 以上频段的测试条件还比较薄弱。本书计算机仿真实验表明，极化隔离器和极化变换器的透射传输损耗和反射传输损耗不大于 0.5B。对实际极化隔离器和极化变换器加工成品的电性能参数测量结果中，出现大量的 –dB 值表明其系统测量误差较大。只有有效地控制住系统测量误差，才能准确地测量出器件实际的传输损耗值。